MNF

Hinführung zur mathematisch-naturwissenschaftlichen Fachsprache

Teil 1: Mathematik

von Hellmut Binder
und Rosemarie Buhlmann

erstellt im Auftrag des Goethe-Instituts
zur Pflege der deutschen Sprache im Ausland
und zur Förderung der internationalen
kulturellen Zusammenarbeit e. V.

Max Hueber Verlag

Quellenverzeichnis:

Ein Teil der Texte und Zeichnungen wurde mit freundlicher Genehmigung der betreffenden Verlage folgenden Werken entnommen:

Lothar Kusch, Mathematik für Schule und Beruf. Teil 1: Arithmetik, Verlag W. Girardet, Essen, ^{10}1974
S. 48, 62, 79, 95, 97, 110, 111, 141

Teil 2: Geometrie ^{8}1972
S. 202, 204, 224, 226, 227, 243, 246, 264, 267, 295, 297, 299, 301, 326, 330, 332, 374

Peter Ballstedt, Rechen-Lexikon, Alles über den Umgang mit Zahlen in Schule und Beruf, Südwest-Verlag, München 1972
S. 126

Hans Borucki, Mengenlehre für Eltern, Meyers Taschenlexikon, Mannheim 1972
S. 374

A. Brauer, Praktikantenhandbuch zur Vorbereitung auf das Ingenieurstudium, Verlag W. Girardet, Essen, 9. Aufl. o. J.
S. 171

ISBN 3–19–00.1297–0
© 1977 Max Hueber Verlag München
3 2 1   1981 80 79 78 77
Die jeweils letzten Ziffern bezeichnen Zahl und Jahr des Druckes.
Alle Drucke dieser Auflage können nebeneinander benutzt werden.
Schreibsatz: Johanna Franz, Pfaffenhofen
Druck: Ernst Kieser, Augsburg
Printed in Germany

Inhaltsverzeichnis

    Vorwort 7
    Einführung 9

1 Zahlen

Hinführung zur Terminologie:
- Zahlen 32
- Addieren 35
- Subtrahieren 37
- Multiplizieren 39
- Dividieren 42
- Variable 44

Lernkontrolle 45
Hinführung zum Text: „Addieren und Subtrahieren von Zahlen" 46
Text: „Addieren und Subtrahieren von Zahlen" 48
Übungen: „läßt sich — lassen sich" 49
Lernkontrolle 51

2 Klammern — Brüche

2a Klammern

Hinführung zur Terminologie 54
Lernkontrolle 59
Hinführung zum Text: „Ein —Zeichen steht vor einer Klammer" 60
Text: „Ein —Zeichen steht vor einer Klammer" 62
Übungen: „nach", „bei" 64
Lernkontrolle 68

2b Brüche

Hinführung zur Terminologie 70
Lernkontrolle 76
Hinführung zum Text: „Kürzen von Brüchen" 77
Text: „Kürzen von Brüchen" 79
Übungen: Konditionalsätze ohne „wenn" 82
Lernkontrolle 86

3 Potenzieren, Radizieren, Logarithmieren

3a Potenzieren

Hinführung zur Terminologie 88
Lernkontrolle 91

Hinführung zum Text: „Multiplizieren von Potenzen"	93
Text: „Multiplizieren von Potenzen"	95
Text: „Dividieren von Potenzen"	95
Text: „Potenzieren von Potenzen"	97
Übungen: mit „indem" eingeleitete Nebensätze	99
Lernkontrolle	101

3b Radizieren

Hinführung zur Terminologie	104
Lernkontrolle	107
Hinführung zum Text: „Addieren und Subtrahieren von Wurzeln"	108
Text: „Addieren und Subtrahieren von Wurzeln"	110
Text: „Radizieren von Produkten"	110
Text: „Radizieren von Quotienten (Brüchen)"	111
Übungen: Imperativ	113
Lernkontrolle	114

3c Logarithmieren

Hinführung zur Terminologie	116
Lernkontrolle	123
Hinführung zum Text: „Das Aufschlagen des Logarithmus"	124
Text: „Das Aufschlagen des Logarithmus"	126
Lernkontrolle	129

4 Gleichungen

4a Bestimmungsgleichungen

Hinführung zur Terminologie	132
Lernkontrolle	138
Hinführung zum Text: „Textgleichungen"	139
Text: „Textgleichungen"	141
Lernkontrolle	143

4b Funktionsgleichungen

Hinführung zur Terminologie	146
Lernkontrolle	167
Hinführung zum Text: „Graphische Darstellung und Lösung von Gleichungen"	168
Text: „Graphische Darstellung und Lösung von Gleichungen"	171
Übungen: Genitiv	173
Lernkontrolle	176

5 Geometrische Grundbegriffe — Dreieck

5a Geometrische Grundbegriffe

Hinführung zur Terminologie 178
Lernkontrolle 197
Hinführung zum Text: „Entstehung, Bezeichnung und Messung von Winkeln" .. 199
Text: „Entstehung, Bezeichnung und Messung von Winkeln" 202
Text: „Winkel an geschnittenen Parallelen" 204
Übungen: „je — umso", „je — desto" 206
Lernkontrolle 208

5b Dreieck

Hinführung zur Terminologie 210
Lernkontrolle 219
Hinführung zum Text: „Lehrsatz des Euklid" 220
Text: „Lehrsatz des Euklid" 224
Hinführung zum Text: „Lehrsatz des Pythagoras" 225
Text: „Lehrsatz des Pythagoras" 226
Text: „Seitenhalbierende (Schwerelinien)" 227
Übungen: Partizip I 229
Lernkontrolle 231

6 Vier- und Vielecke — Kreis

6a Vier- und Vielecke

Hinführung zur Terminologie 234
Lernkontrolle 240
Hinführung zum Text: „Trapez" 241
Text: „Trapez" 243
Text: „Flächenverwandlung" 246
Übungen: „un-" 247
Lernkontrolle 248

6b Kreis

Hinführung zur Terminologie 250
Lernkontrolle 261
Hinführung zum Text: „Kreis und Tangente" 262
Text: „Kreis und Tangente" 264
Text: „Die Winkel im Kreis" 267
Übungen: Relativsätze 269
Lernkontrolle 272

7 Stereometrie

Hinführung zur Terminologie	274
Lernkontrolle	293
Hinführung zum Text: „Spitze Körper"	294
Text: „Spitze Körper"	295
Text: „Körperarten"	297
Text: „Kugel"	299
Text: „Ähnlichkeit"	301
Übungen: „je"	302
Lernkontrolle	303

8 Proportionen, Trigonometrie

Hinführung zur Terminologie:	
Proportionen	306
Trigonometrie	311
Lernkontrolle	322
Hinführung zum Text: „Die Sinusfunktion"	324
Text: „Die Sinusfunktion"	326
Text: „Die Kosinusfunktion"	328
Text: „Strahlensätze"	330
Text: „Ähnliche Dreiecke"	332
Übungen: „doppelt so — wie", „halb so — wie", „so — wie", „nicht — so wie", „größer als", „kleiner als" etc.	334
Lernkontrolle	337

9 Mengenlehre

Hinführung zur Terminologie	340
Lernkontrolle	366
Hinführung zum Text: „Mengendarstellung"	368
Text: „Mengendarstellung"	374
Übungen: „entweder — oder", „weder — noch", „sowohl — als auch"	377
Lernkontrolle	379

Wichtige Abkürzungen	380
Wörterverzeichnis	381

Vorwort

MNF wurde in enger Zusammenarbeit des Goethe-Instituts mit dem Ausländerstudienkolleg der Fachhochschule Konstanz entwickelt, die auf Initiativen von Frau H. Castellanos, Goethe-Institut, und Frau Prof. A. Fearns, ASK Konstanz, zurückgeht.

MNF = **Hinführung zur mathematisch-naturwissenschaftlichen Fachsprache** ist ein programmierter Sprachkurs, der sich an angehende ausländische Studierende an bundesdeutschen Fachhochschulen bzw. Technischen Universitäten wendet und darüber hinaus an alle, die über die grundlegende Terminologie der Mathematik, Physik und Chemie verfügen oder Fachtexte aus diesen Gebieten lesen müssen. Daraus ergeben sich für den Kurs die Lehrziele: Vermittlung der grundlegenden fachspezifischen Lexik dieser drei Gebiete, der entsprechenden fachspezifischen Strukturen und die Vermittlung von Lesestrategien in bezug auf Fachtexte.

Von Konzeption und Ausführung her läßt sich MNF sowohl als Selbstlernprogramm als auch als kursbegleitendes oder als kurstragendes Lehrmaterial verwenden. Einzelheiten dazu im Lehrerheft. Es läßt sich auch von einem fachlich nicht kompetenten Sprachlehrer problemlos einsetzen, da die Lehrfunktionen „Einführung, erste Kontrolle und Einübung der fachspezifischen Lexik" aus dem Unterricht herausgenommen und in eine programmierte Phase verlegt sind, die dem Unterricht vorgeschaltet wird. Der Unterricht hat damit in bezug auf den Erwerb der fachspezifischen Lexik nur noch steuernde Funktion und ist somit entlastet zugunsten der Vermittlung von Lesestrategien.

Die Ausarbeitung des Kurses begann Ende 1973 unter der anfänglichen Mitarbeit von Herrn R. Ballon, Leiter des Goethe-Instituts bei der Deutschen Stiftung für Entwicklungshilfe, Mannheim, und Frau Dr. M. Rauen, Dozentin des Goethe-Instituts bei der DSE, deren Tätigkeit den Beginn der Arbeit sehr gefördert hat.

Wir haben gleichermaßen dem Goethe-Institut zu danken, sowohl für seine durch den stellvertretenden Generalsekretär des Instituts, Herrn Dr. H.-P. Krüger M. A. h. c. und Herrn G. Wackwitz gewährte organisatorische Unterstützung, ohne die der Kurs nicht in dieser Form hätte vorgelegt werden können, als auch für fruchtbare Kritik und nützliche Hinweise zur Verbesserung des Kurses, die von Frau Schmitz-Schwamborn, Herrn Dr. H. Erk, Herrn B. Steffens und Herrn G. Wackwitz ausgingen. Ebenso danken wir den Kollegen, die innerhalb des Goethe-Instituts im In- und Ausland und auch außerhalb des Instituts wie etwa Frau Prof. A. Fearns, verantwortliche Dozentin für den Deutschunterricht am ASK Konstanz, und Herrn W. Schleyer, Leiter des Lehrgebiets Deutsch als Fremdsprache der RWTH Aachen, den Kurs erprobt und nützliche Verbesserungsvorschläge gemacht haben.

Insbesondere danken wir Herrn Prof. Dipl.-Ing. K.-J. Mattern, Leiter des ASK Konstanz, für seine nachdrückliche Förderung des Kurses, seine stete Hilfsbereitschaft und sein Eintreten für den Kurs in verschiedenen bildungspolitischen Gremien. Gleichermaßen danken wir auch Herrn Prof. G. Ihle, Fachdozent für Physik und Mathematik am ASK Konstanz,

Herrn Prof. Dr. Höss, Fachdozent für Mathematik an der Fachhochschule Konstanz, Herrn P. Knöbber, Dozent des Goethe-Instituts, Frau StudDir. S. Kreifelts, dem Chemiker Herrn Dr. H. Weigand und Herrn OStR. R. Westermann für ihre unentbehrlichen Fachkorrekturen. Ihrer Hilfe und insbesondere der Hilfsbereitschaft und Geduld der Herren Ihle und Weigand verdankt das Programm seine jetzige Form.

Die Autoren

Was ist MNF?

MNF ist ein programmierter Sprachkurs. Er besteht aus drei Teilen: Teil 1 = Mathematik, Teil 2 = Physik, Teil 3 = Chemie.

Er vermittelt Ihnen die grundlegende Fachterminologie dieser drei Gebiete und zeigt Ihnen, wie man deutsche Fachtexte aus Mathematik, Physik und Chemie rationell liest. Außerdem lernen Sie die wichtigsten fachsprachlichen Strukturen dieser Gebiete.

In diesem Teil 1 = Mathematik lernen Sie die grundlegende Terminologie der Arithmetik, Geometrie und Mengenlehre. Sie lernen Strukturen kennen, die für diese Gebiete typisch sind, und werden auf das Lesen entsprechender Texte vorbereitet.

MNF wendet sich an alle angehenden ausländischen Studierenden, die in der Bundesrepublik ein naturwissenschaftlich-technisches Studium beginnen wollen. Es wird von den Studienkollegs der bundesdeutschen Fachhochschulen zur sprachlichen Vorbereitung auf das Studium und das Studienkolleg empfohlen.

Darüber hinaus ist MNF für alle nützlich, die aus beruflichen Gründen über Kenntnisse in mathematischer, physikalischer oder chemischer Fachsprache verfügen müssen oder deutsche Fachtexte lesen müssen.

MNF ist ein Sprachprogramm, das für Deutschlernende mit Grundkenntnissen konzipiert worden ist. Wenn Sie schon einen Grundkurs gemacht haben oder Grundkenntnisse in Deutsch besitzen (das heißt, die wichtigsten Strukturen kennen und einen Grundwortschatz von ca. 800 Wörtern haben), sollten Sie MNF durcharbeiten, ohne ein Wörterbuch zu benutzen. Der Kurs ist so aufbereitet, daß Sie die neuen Wörter automatisch verstehen.

Wie arbeitet man mit MNF?

Man arbeitet mit MNF am besten wie folgt:

Sie beginnen auf Seite 1 des Mathematikprogramms. Sie nehmen eine Schablone und decken die Seite 1 bis auf die ersten beiden Zeilen ab. Dort steht:

16
Das ist eine Zahl.

Sie wissen jetzt: 16 ist eine Zahl.
Sie schieben jetzt die Schablone so, daß Sie den nächsten Satz lesen können. Er lautet:

Diese Zahl hat zwei Stellen.

Sie wissen jetzt: Die Zahl 16 hat zwei Stellen. Sie verstehen das Wort „Stellen" automatisch, denn Sie haben gelesen: „Die Zahl 16 hat zwei Stellen." Mit „zwei" können nur „Stellen" gemeint sein, denn sonst hat die Zahl 16 nichts, was zwei ist. Sie schieben jetzt die Schablone weiter nach unten und sehen übereinander:

Diese Zahl hat zwei Stellen.
Sie ist zweistellig.

Auch dieser Satz wird durch den vorhergehenden erklärt.

Jetzt schieben Sie die Schablone weiter nach unten.
Sie lesen:

Das ist eine zweistellige ─────── .

Sie haben oben gelernt: „16 ist eine Zahl".
Sie setzen also „Zahl" in die Lücke.

Dann schieben Sie die Schablone weiter nach unten. Dadurch erscheint das Wort, das in diese Lücke gehört, auf dem rechten Rand.

Sie kontrollieren, ob Ihre Lösung richtig war.

So arbeiten Sie weiter.

Sie finden im nächsten Schritt:

4
Das ist eine ─────── .

Sie wissen, daß „Zahl" das Wort ist, das 16, 4 etc. definiert. Sie setzen das Wort „Zahl" in die Lücke, kontrollieren die Lösung und gehen weiter. Im nächsten Satz erfahren Sie:

Diese Zahl hat eine Stelle.

Wenn Sie oben den Satz „Die Zahl 16 hat zwei Stellen" nicht ganz verstanden haben, dann verstehen Sie jetzt, was „Stelle" heißt:

<u>16</u> hat <u>zwei</u> Stellen.
<u>4</u> hat <u>eine</u> Stelle.

Es heißt weiter unten:

25389 hat ─────── Stellen. (fünf)

Sie wissen jetzt genau, was „Stelle" heißt. Sie sehen, daß Sie kein Wörterbuch brauchen. Auch wenn Sie ein Wort beim ersten Lesen nicht ganz genau verstehen, schauen Sie nicht gleich im Wörterbuch nach. Wenn Sie es zum zweiten oder dritten Mal sehen, verstehen Sie es. Wenn Sie z. B. „Stelle" sofort im Wörterbuch nachgeschlagen hätten, hätten Sie gefunden:

„Ort, Platz, Stätte, Sitz, Örtlichkeit, Gegend, Textstelle, Teilstück, Absatz, Abschnitt",

und dann erst

<u>„Platz einer Zahl im Zehnersystem"</u>.

Nicht in allen Lexika jedoch gibt es so genaue Definitionen. Es gibt auch Lexika, die die fachsprachliche Bedeutung eines Wortes, das auch allgemeinsprachlich gebraucht wird, nicht aufführen. Oder Sie finden überhaupt keine Erklärung für ein fachsprachliches

Wort, besonders, wenn es sich um ein Wort handelt, das noch relativ neu ist oder das höher spezialisiert ist. In jedem Fall ist die Erklärung im (einsprachigen) Lexikon komplizierter als im Programm. Arbeiten Sie also möglichst ohne Lexikon! Sie brauchen es wirklich nicht!

Erst wenn Sie einen Schritt genau durchgearbeitet haben, gehen Sie zum nächsten über. Wenn Sie nicht mehr wissen, welche Lösung Sie in eine Lücke setzen sollen, schauen Sie nicht am Rand nach! Gehen Sie zurück, bis Sie den passenden Begriff gefunden haben! Sie werden nur dann wirklich von dem Programm profitieren, wenn Sie erst die Lösung in die Lücke setzen und dann kontrollieren!

Wenn Sie alle Schritte einer Programmeinheit durchgearbeitet haben, finden Sie eine Lernkontrolle. Damit können Sie prüfen, ob Sie die Begriffe, die Sie im Programm gelernt haben, auch wirklich können. Arbeiten Sie diese Lernkontrolle durch wie das Programm! Am Rand finden Sie neben den Lösungen die Zahlen der Seiten, auf denen die Begriffe, die Sie einsetzen, zum ersten Mal auftauchen, also meist definiert werden. Sie wissen also, wo Sie wiederholen müssen, wenn Sie Fehler machen!

Arbeiten Sie die Programmseiten gut durch, wenn nötig, zweimal oder öfter! Nur wenn Sie die Fachterminologie wirklich können, können Sie die Fachtexte ohne Schwierigkeiten bearbeiten!

Zu den einzelnen Programmeinheiten gibt es Texte. Diese Texte stellen Themen, die auch dem Programmteil zugrunde liegen, in größeren Zusammenhängen dar. Bevor Sie die Texte lesen, arbeiten Sie jeweils die „Hinführung zum Text" durch, und zwar in derselben Weise wie das Programm. Sie finden dort zuerst meist die Zusammenstellung der Illustrationen des Textes. Sehen Sie sich diese Illustrationen genau an! Sie geben Ihnen sehr genaue Hinweise über den Inhalt des Textes. Machen Sie sich also anhand der Zeichnungen oder Zahlenbeispiele klar, was in diesem Text stehen wird! Beachten Sie genau die Abfolge der Illustrationen! Sie gibt Ihnen genaue Hinweise über den Ablauf des Textes. Arbeiten Sie dann den sich anschließenden programmierten Teil durch, dort werden die Wörter, die Ihnen noch unbekannt sind und die für diesen Text die Schlüsselwörter sind, erklärt. Wenn Sie dann den Text lesen, werden Sie sehen, daß Sie ihn ohne Schwierigkeiten verstehen.

An den Text schließen sich Übungen an. Es sind Übungen zu bestimmten Strukturen, die in bestimmten fachsprachlichen Zusammenhängen gehäuft auftreten.

Wenn Sie diese Übungen gemacht haben, bearbeiten Sie die Lernkontrolle am Ende der Programmeinheit. Sie testet alles, was Sie in dieser Einheit mit dem Programm, mit dem Text und mit den Übungen gelernt haben. Sie sehen dann, ob Sie wirklich zur nächsten Einheit übergehen können oder ob Sie nicht besser erst noch ein bißchen wiederholen. Gehen Sie erst zur nächsten Einheit weiter, wenn Sie die Lernkontrolle ohne Schwierigkeiten bearbeiten können!

Arbeiten Sie das Buch von vorne bis hinten durch! Bearbeiten Sie ein Kapitel auch dann, wenn es Sie nicht interessiert oder wenn Sie meinen, daß es für Sie nicht wichtig ist! Sie lernen nämlich auch in diesem Kapitel wichtige Wörter und Strukturen, die in späteren Kapiteln vorausgesetzt werden. Lassen Sie also keine Kapitel bei der Bearbeitung aus! Sie bekommen sonst später Schwierigkeiten, denn die einzelnen Kapitel sind eng aufeinander bezogen und bauen aufeinander auf.

Wenn Sie jedoch das Programm Kapitel für Kapitel sorgfältig durcharbeiten, werden Sie am Ende feststellen, daß Sie den Grundwortschatz der Mathematik beherrschen und entsprechende Texte aus dem Gebiet der Mathematik ohne Lexikon lesen können.

Lassen Sie sich Zeit bei der Arbeit! Und nun viel Spaß und viel Erfolg!

Also noch einmal:

Jeden Satz sorgfältig lesen!

Jeden Schritt sorgfältig durcharbeiten!

Die Lösungen, die in die Lücken gehören, nicht vorher am Rand nachschlagen, sondern aus dem Gedächtnis einsetzen und dann mit der Auflösung am Rand vergleichen!

Erst weitergehen, wenn Sie die Lernkontrollen ohne Schwierigkeiten (und ohne Fehler!) bearbeiten können!

Keine Schritte überspringen!

Kein Kapitel auslassen!

What is MNF?

MNF is a programmed language course. It consists of three parts, Part 1 = Mathematics, Part 2 = Physics, and Part 3 = Chemistry. This course gives you the basic specialized terminology of these three fields and shows you how you can rationally read, in German, specialized texts in the fields of mathematics, physics and chemistry. In addition, you learn the most important specialized structures of these fields. In Part 1 = Mathematics, you learn the basic terminology of arithmetic, geometry and set theory. You get acquainted with the structures which are typical for these fields, and you prepare yourself for reading corresponding texts.

MNF is directed towards all would-be foreign students who wish to begin scientific-technical studies in the Federal Republic of Germany. It is recommended by the Studienkollegs of the West German technical schools as language preparation for studies, and for the Studienkolleg itself. Furthermore, MNF is useful for all those, who, because of professional reasons, must possess a knowledge of the specialized language of mathematic, physics or chemistry, or must be able to read specialized texts in German.

MNF is a language program which is conceived for German language learners who have a basic knowledge of German. If you have already had a basic course, or you possess a basic knowledge of German (that is, you know the most important structures, and have a vocabulary of approximately 800 words), then you should be able to work your way through MNF without using a dictionary. The course is prepared so that you automatically understand the new words.

How to work with MNF?

The best way to work with MNF is as follows:

You begin on page 1 of the Mathematics program. You take a stencil and cover page 1 entirely except for the first two lines. There you read:

16
Das ist eine Zahl.

Now you know: 16 is a number.
You slide the stencil so that you can read the next line. It reads:

Diese Zahl hat zwei Stellen.

Now you know: The number 16 has two numerals. You immediately understand the word „Stellen", because you have read: „Die Zahl 16 hat zwei Stellen." The word „zwei" can only be meant in connection with „Stellen", because otherwise the number 16 has nothing which is two. Now you slide the stencil further down and you see:

Diese Zahl hat zwei Stellen.
Sie ist zweistellig.

This sentence is also explained by the previous one.

Now you slide the stencil further down. You read:

Das ist eine zweistellige _____ .

You learned above: ,,16 ist eine Zahl." So you put ,,Zahl" into the blank space.

Then you slide the stencil further. In this way, the word appears on the right margin.

You check to see if your answer was right.

You continue working in this manner.
You'll find in the next step:

4

Das ist eine _____ .

You know that ,,Zahl" is the word that defines 16, 4 etc. You place the word ,,Zahl" in the empty space, check the answer and go on. In the next sentence you learn that:

Diese Zahl hat eine Stelle.

If you haven't completely understood the sentence above, then you know now what ,,Stelle" means.

<u>16</u> hat <u>zwei</u> Stellen.
<u>4</u> hat <u>eine</u> Stelle.

Further down, there is the sentence:

25389 hat _____ Stellen. (fünf)

Now you know exactly what ,,Stelle" means. You see that you don't need a dictionary. Even when you don't completely understand a word the first time you read it, don't immediately look in a dictionary. When you see the word a second or third time you understand it. If you had immediately looked up ,,Stelle" in a dictionary, you would have found:

,,Ort, Platz, Stätte, Sitz, Örtlichkeit, Gegend, Textstelle, Teilstück, Absatz, Abschnitt"

and only then:

,,Platz einer Zahl im Zehnersystem"

You will not find such exact definitions in all dictionaries. There are also dictionaries in which the scientific-technical meaning of a word, which has also a general meaning, is not listed. Or you don't find any explanation at all for a specialized word, especially when it is a word which is relatively new or which is extremely specialized. In any case, the explanation in a single-language dictionary is more complicated than those used in this program. If at all possible, work without a dictionary! You really don't need one!

Only if you have thoroughly completed one step, you should go on to the next one. Even if you no longer know which answer you should put in the blank space, don't look at the margin! Go back until you have the correct answer! You will only really profit from the course, if you first write in the answer and then check yourself afterwards.

When you have worked your way through a program-unit, you will find a learning-check. You can check yourself with it, to see if you really know the concepts which you have learned in the program. Work your way through the learning check the same way as you would the program. On the margin, you will find, next to the answers, the page numbers on which the concepts, which you have chosen, first appear and are defined. Thus, you know what and where you have to repeat, when you make mistakes.

Work your way thoroughly through the pages of the program, if necessary, twice or even more often. Only when you really know the specialized terminology, you can work through the specialized texts without difficulty.

Each separate program-unit has texts. These texts cover more fully, subject material which is presented in the program-section. Before you read the texts, work your way through the ,,Guide to the text'' (Hinführung zum Text), and do it exactly in the same way as you would the program. There you'll find, first of all, mostly the grouping of the text illustrations. Look carefully at these illustrations! They give you very exact information about the context. On the basis of the drawings or number examples, you should conclude what will appear in the text! Pay close attention to the sequence of the illustrations. It gives you exact information about the development of the text. Then, work your way through the following programmed section. The words with which you are still unfamiliar, and which make up the key words in this text, are explained for you here. Then, when you read the text, you'll see that you'll understand it without difficulty.

Immediately after the text come the exercises. They are exercises for certain structures, which occur frequently in certain specialized-language contexts.

When you have done these exercises, work through the learning check at the end of the program-unit. It tests everything that you have learned in the program-unit, in the text, and in the exercises. You'll then see, whether you can really go on to the next unit, or whether you hadn't better do some repeating. Go to the next unit only after you can work through the learning check without difficulty!

Work through the book from front to back! Work through a chapter, even if it doesn't interest you, or when you think that it isn't important for you. You are also learning, in this chapter, important words and structures, which will be taken for granted in later chapters. So don't skip any chapters. Otherwise you'll have difficulty later, because the chapters are coordinated and are based on each other.

If you work very carefully through the program, chapter by chapter, you'll see at the end, that you have a command of the basic mathematic vocabulary, and that you can read the corresponding texts, in the field of mathematics, without a dictionary.

Give yourself enough time to work, and now, have fun and lots of success!

One more time:

Read every sentence carefully!

Work your way carefully through every step!

Don't look beforehand at the solutions, which belong in to the empty spaces. Write them down from memory, and then compare them with the answers to the margin!

Go on, only when you can get through the learning check without difficulty (and without mistakes)!

Don't omit any steps!

Don't leave out any chapters!

MNF — Qu'est-ce que c'est?

MNF est un cours de langue programmé. Il consiste en trois parties: 1ère partie = mathématiques, 2e partie = physique, 3e partie = chimie. Il vous permet d'acquérir la terminologie de base de ces trois disciplines, tout en vous montrant comment il faut lire et entendre d'une manière rationnelle des textes techniques allemands ayant trait à ces trois domaines. Vous apprenez de surcroît les principales structures linguistiques spécifiques de ces disciplines.

Cette 1ère partie = mathématiques constitue une initiation à la terminologie de base de l'arithmétique, de la géométrie et de la théorie des ensembles. Vous faites connaissance avec les structures linguistiques caractéristiques de ces domaines, tout en étant préparé à la lecture de textes y ayant trait.

MNF s'adresse à tous les étudiants étrangers susceptibles de commencer des études de sciences naturelles ou techniques en RFA. Il est recommandé par les ,,collèges d'études'' (Studienkollegs) des établissements d'enseignement supérieur de spécialite (Fachhochschulen) de la RFA en tant que préparation linguistique aux études supérieures et au ,,Studienkolleg''.

En outre, MNF est utile à tous ceux qui, pour des raisons professionnelles, doivent acquérir des connaissances en technique — en l'occurrence: mathématiques, physique et chimie — ou sont censés lire des textes techniques en langue allemande.

MNF est un programme d'enseignement de l'allemand conçu pour tous ceux qui ont des connaissances linguistiques de base. Si vous avez déjà suivi un cours élémentaire ou si vous possédez des notions de base en allemand — c'est-à-dire, si vous avez assimilé, au préalable, les structures de base et un vocabulaire d'environ 800 mots d'allemand — travaillez MNF sans avoir recours à un dictionnaire. Ce cours a été élaboré et conçu de manière à ce que vous puissiez comprendre automatiquement les mots nouveaux.

Comment travailler avec MNF?

La meilleure façon d'utiliser MNF est la suivante: Vous commencez par le programme de mathématiques, 1ère page. Vous vous servez du ,,cache'' pour couvrir la 1ère page, tout en laissant les deux premières lignes découvertes, vous y lisez:

16
Das ist eine Zahl.

Vous savez dès lors: 16 est un nombre.
Vous poussez alors le cache de manière à ce que vous puissiez lire la phrase suivante, à savoir:

Diese Zahl hat zwei Stellen.

Vous savez maintenant que le nombre 16 a deux chiffres. Et vous comprenez automatiquement le terme ,,Stelle'', puisque vous venez de lire: ,,Die Zahl 16 hat zwei Stellen''. ,,zwei'' ne peut s'appliquer qu'aux ,,chiffres'', car le nombre 16 ne possède rien d'autre qui puisse avoir trait à deux. Vous poussez maintenant le cache davantage vers le bas pour voir l'une au-dessous de l'autre les deux phrases suivantes:

Diese Zahl hat zwei Stellen.
Sie ist zweistellig.

Cet énoncé, lui aussi, trouve son explication dans ce qui précède. Ensuite, vous poussez davantage le cache vers le bas et vous lisez:

Das ist eine zweistellige _____ .

Vous avez appris plus haut: ,,16 ist eine Zahl''. Vous allez donc mettre ,,Zahl'' dans le blanc prévu.

Poussez davantage le cache vers le bas. De ce fait, le mot ayant sa place dans le blanc en question apparaît dans la marge de droite ou de gauche.

Vous vérifiez si vous avez trouvé la bonne réponse.

Vous continuez de la même manière.
Et vous trouvez dans la prochaine étape:

4
Das ist eine _____ .

Vous n'êtes pas sans ignorer que ,,Zahl'' est le terme définissant 16, 4 etc. Vous insérez, donc, le mot ,,Zahl'' dans le blanc, vous contrôlez ensuite la solution et vous continuez. Dans la phrase suivante, vous apprenez:

Diese Zahl hat eine Stelle.

En admettant que vous n'ayez pas entièrement compris l'énoncé cité plus haut ,,Die Zahl 16 hat zwei Stellen'', vous comprenez maintenant ce que signifie ,,Stelle'':

<u>16</u> hat <u>zwei</u> Stellen.
<u>4</u> hat <u>eine</u> Stelle.

Vous lisez alors:

25389 hat _____ Stellen. (fünf)

Vous savez maintenant ce que signifie ,,Stelle''. Vous voyez que vous n'avez pas besoin de dictionnaire. Et même si, au premier abord, vous n'avez pas bien saisi la signification de tel ou tel mot, ne consultez pas votre dictionnaire. A la deuxième ou troisième lecture, vous allez comprendre le mot en question. Si vous aviez consulté votre dictionnaire pour y chercher la signification de ,,Stelle'', vous auriez trouvé:

„Ort, Platz, Stätte, Sitz, Örtlichkeit, Gegend, Textstelle, Teilstück, Absatz, Abschnitt",
et un peu plus loin seulement
„Platz einer Zahl im Zehnersystem".

Pourtant, tous les dictionnaires ne donnent pas des définitions aussi détaillées de tel ou tel mot; de même certains dictionnaires ne font pas mention de l'emploi de ces mots techniques, qui, du reste, font assez souvent partie du vocabulaire usuel et général. Il peut même arriver qu'il n'y ait pas du tout de traduction pour certains mots techniques, surtout lorsqu'il s'agit de termes nouveaux ou très techniques. En tout cas, l'explication figurant dans un dictionnaire monolingue sera plus compliquée que celle de notre programme. Nous vous conseillons donc de travailler sans dictionnaire. Vous n'en avez vraiment pas besoin.

C'est seulement après avoir étudié à fond telle ou telle étape de notre programme que vous passerez à la suivante. Et si vous ne savez plus quelle solution vous devez insérer dans le blanc, ne regardez pas les solutions figurant dans la marge de la page. Revenez plutôt en arrière jusqu'à ce que vous ayez trouvé le terme approprié. Vous n'allez vraiment profiter de ce programme que si vous insérez d'abord la solution dans le blanc prévu pour vérifier ensuite et seulement ensuite!

Après avoir travaillé toutes les étapes d'une unité vous procédez au contrôle d'acquisitions. Celui-ci vous permet de vérifier si vous possédez vraiment les termes appris au cours du programme. Le mode de travail permettant de procéder à ce contrôle d'acquisitions est le même que celui employé pour le programme. En marge vous trouverez les solutions et à côté de celles-ci des renvois aux pages où les termes que vous venez de mettre dans les blancs apparaissent pour la première fois, en règle générale, avec leurs définitions. Vous savez donc où procéder à une révision au cas où vous auriez commis des erreurs.

Travaillez soigneusement les pages du programme, en cas de besoin, deux ou plusieurs fois. Ce n'est que lorsque vous aurez bien assimilé la terminologie technique que vous serez en mesure de travailler sans difficulté les textes techniques!

Passons aux textes qui sont partie intégrante des différentes unités du programme. Ces textes ont pour but de placer dans un contexte plus large les sujets et les thèmes qui, du reste, sont les mêmes que ceux qui constituent la base de la partie „programme". Avant de vous attaquer à la lecture des textes, travaillez d'abord la „Hinführung zum Text" (initiation au texte), et ceci en appliquant les mêmes techniques que celles utilisées pour le programme. Vous y trouverez, d'abord dans la plupart des cas, les illustrations ayant trait au texte. Regardez attentivement ces illustrations! Elles vous fournissent des renseignements très précis sur le contenu du texte! Rendez-vous donc au préalable compte du contenu du texte en exploitant les illustrations et les exemples numériques. Suivez scrupuleusement l'ordre des illustrations! Il vous fournit des indications précises sur les étapes suivantes du texte. Attaquez-vous, ensuite, à la partie programmée qui suit où vous trouverez l'explication des mots — les mots clés du texte en question — encore inconnus à ce stade. Si vous suivez ces indications de travail, la compréhension du texte que vous lirez ensuite ne vous posera plus aucun problème.

Des exercices structuraux mettant en évidence des phénomènes linguistiques apparaissant très fréquemment dans les textes techniques suivent le texte.

Après avoir terminé ces exercices vous passez au contrôle d'acquisitions se trouvant à la fin de l'unité du programme. Ceci vous permet de tester tout ce que vous avez appris dans cette unité, grâce au programme, au texte et aux exercices. Alors, vous vous rendrez compte si vous êtes vraiment en mesure de passer à l'unité suivante ou s'il ne serait pas préférable de consacrer encore un peu de temps à des révisions des problèmes de l'unité parcourue. Ne passez jamais à l'unité suivante sans avoir résolu sans difficultés tous les problèmes réunis dans le contrôle d'acquisitions!

Etudiez à fond, de la première à la dernière page, ce livre. Ne sautez surtout pas de chapitres qui pourraient vous sembler peu intéressants ou de peu d'importance! Sachez que vous y apprendrez des mots et structures importants qui se révéleront indispensables dans les chapitres suivants. Ne sautez donc aucun chapitre. Sinon, vous aurez des difficultés aux stades ultérieurs, car les différents chapitres se basent les uns sur les autres et ont des rapports réciproques très étroits.

Pourtant, si vous étudiez à fond tous les chapitres, l'un après l'autre, vous constaterez à la fin, que vous possédez le vocabulaire fondamental des mathématiques et que vous êtes à même de comprendre des textes y ayant trait, sans avoir recours au dictionnaire.

Prenez votre temps en travaillant ce livre! Et pour terminer: bon courage!

En guise de résumé:

Lire attentivement chaque phrase!

Travailler soigneusement chaque étape!

Ne pas consulter les solutions données dans la marge avant de remplir les blancs, mais: insérer de mémoire la solution dans le blanc et comparer seulement ensuite votre solution avec celle qui figure dans la marge!

Ne passer à l'unité suivante qu'après avoir été en mesure de résoudre sans difficultés ni erreurs les problèmes du contrôle d'acquisitions de l'unité précédente!

Ne pas ,,brûler'' les étapes!

Ne sauter aucun chapitre!

¿Qué es MNF?

MNF es un curso de lengua programado. Consiste de tres partes: Primera Parte = Matemática, Segunda Parte = Física, Tercera Parte = Química. El mencionado curso le proporciona la terminología específica fundamental de estas tres ramas, y le muestra cómo se leen textos técnicos de matemática, física y química en alemán de manera racional. Además aprende Ud. las estructuras técnicas más importantes de estas tres ramas.

En la Primera Parte, Matemática, aquí presente, estudia Ud. la terminología básica de la aritmética, geometría y psyco-matemática. Ud. llega a conocer estructuras típicas para estas asignaturas, y se le prepara para la lectura de textos correspondientes.

MNF se dirige a todos los estudiantes extranjeros que piensan iniciar un estudio de ciencias naturales-tecnológico en la República Federal de Alemania. MNF es recomendado por los cursos preparatorios (Studienkolleg) de las Escuelas Superiores Politécnicas (Fachhochschule) de Alemania Federal, con el fin de prepararse lingüísticamente tanto para los cursos preparatorios como para el estudio en general.

Aparte de eso, MNF es útil para todos aquellos que por razones profesionales tienen que disponer de conocimientos de la terminología matemática, física o química, o para aquellos que se ven en la necesidad de leer textos relacionados a su especialidad en lengua alemana.

MNF es un programa de lengua concebido para los que estudian alemán teniendo ya conocimientos básicos del idioma. Si Ud. ha hecho ya un curso de alemán básico o tiene conocimientos básicos en alemán (es decir, si conoce las estructuras más importantes y tiene un vocabulario de aprox. 800 palabras), debiera de trabajar con MNF sin consultar un diccionario. El curso está hecho de tal manera que Ud. comprenderá el nuevo vocabulario automáticamente.

¿Cómo se trabaja con MNF?

Le recomendamos que trabaje Ud. con MNF de la siguiente manera:

Ud. comienza en la página 1 del programa de matemática. Toma la plantilla y cubre toda la página menos las dos primeras líneas. Allí dice:

16
Das ist eine Zahl.

Y Ud. sabe ahora: 16 es un número.
Ahora mueve la plantilla de tal manera que puede leer la próxima frase. Dice:

Diese Zahl hat zwei Stellen.

Ahora sabe: El número 16 consiste de dos cifras. Ud. comprende automáticamente la palabra „Stellen" pues Ud. ha leído: „Die Zahl <u>16</u> hat <u>zwei</u> Stellen." „Zwei" se puede referir únicamente a ,,Stellen", porque aparte de esto el número 16 no tiene nada que pueda referirse a dos. Ud. mueve luego la plantilla más hacia abajo y ve superpuesto:

Diese Zahl hat zwei Stellen.
Sie ist zweistellig.

También esta frase se explica por medio de la anterior.

Ahora sigue moviendo la plantilla hacia abajo.
Ud. lee:

Das ist eine zweistellige _____ .

Arriba Ud. ha aprendido: ,,16 ist eine Zahl".
Por lo tanto pone ,,Zahl" en el vacío.

Luego sigue moviendo la plantilla más hacia abajo. La palabra que pertenece al vacío aparece ahora en el margen derecho. Ud. controla si su solución es correcta.

Así sigue trabajando.
En el próximo tramo encuentra:

4
   Das ist eine _____ .

Ud. sabe, que ,,Zahl" es la palabra que define 16, 4, etc. Ud. pone la palabra ,,Zahl" en el vacío, controla su solución y sigue. En la próxima frase llega a saber:

Diese Zahl hat eine Stelle.

En caso que Ud. no haya entendido totalmente la frase ,,Die Zahl 16 hat zwei Stellen", entonces entiende ahora lo que quiere decir ,,Stelle":

16 hat zwei Stellen.
 4 hat eine Stelle.

Más abajo dice:

25389 hat _____ Stellen. (fünf)

Ahora sabe exactamente lo que quiere decir ,,Stelle". Ud. ve que no necesita de un diccionario. Aún si no entiende una palabra del todo durante la primera lectura, no la busque de inmediato en el diccionario. Cuando la vea por segunda o tercera vez, la entiende con seguridad. En caso de haber buscado p.e. la palabra ,,Stelle" en seguida en el diccionario, hubiese encontrado:

,,Ort, Platz, Stätte, Sitz, Örtlichkeit, Gegend, Textstelle, Teilstück, Absatz, Abschnitt",

y hasta entonces

,,Platz einer Zahl im Zehnersystem".

Sin embargo, no hay definiciones tan exactas en todos los diccionarios. Hay diccionarios que no incluyen el significado técnico de una palabra si ésta se usa también en el lenguaje común. O no encuentra ninguna explicación de una palabra técnica, especialmente si se trata de una palabra relativamente nueva o altamente especializada. En todo caso, la explicación en un diccionario (de lenguaje único) es más complicada que en el programa. Por lo tanto, trabaje Ud. sin diccionario. ¡Realmente no lo necesita!

No siga Ud. adelante mientras no haya trabajado cada tramo con exactitud. Si ya no sabe qué solución poner en el vacío, ¡no mire en el margen! Retroceda hasta encontrar el término adecuado. ¡Ud. va a aprovechar el programa solamente bien si pone primero la solución en el vacío y luego la controla!

Cuando haya trabajado Ud. todos los tramos de una unidad del programa, encuentra un control de lo aprendido. Por medio de ello puede examinar, si Ud. de verdad está seguro de los términos que ha aprendido en el programa. Trabaje con este control de la misma manera como el programa. En el margen encuentra al lado de las soluciones los números de las páginas en las que surgieron por primera vez los términos por llenar, es decir, el lugar donde en su mayoría son definidos. ¡Si comete errores sabe por lo tanto, en que página tiene que repasar!

Trabaje las páginas del programa a fondo; ¡si es necesario dos veces o más! Solamente si domina realmente la terminología específica será capaz de trabajar los textos especiales sin dificultad!

Para cada unidad del programa existen textos. Estos textos representan en conexión más amplia temas que también son base de la parte del programa. Antes de que Ud. empiece con la lectura de los textos, trabaje con la respectiva „Hinführung zum Text", y esto igualmente que el programa. Por lo general encuentra allí primero el agrupamiento de las ilustraciones del texto. ¡Vea éstas con exactitud! Por medio de ellas recibirá indicaciones muy detalladas sobre el contenido del texto. Aclárese por medio de las ilustraciones o ejemplos de números lo que luego leerá en el texto. Fíjese exactamente en el orden de las ilustraciones. Este le da indicaciones detalladas sobre el curso que toma el texto. Trabaje luego la parte programada del texto que sigue, porque allí se le aclara el vocabulario, que aún le es desconocido, y que para este texto constituye las palabras claves. Cuando a continuación lee el texto, verá que lo entenderá sin dificultades.

El texto es seguido por ejercicios. Estos son ejercicios con respecto a determinadas estructuras, que se presentan acumuladas en determinadas conexiones en lenguaje especializado.

Terminados estos ejercicios, haga el control sobre lo aprendido al final de la unidad del programa. Esto examina todo lo aprendido en la presente unidad a través del programa, del texto y los ejercicios. Ud. verá entonces, si realmente puede pasar a la próxima unidad o si sería preferible repasar un poco más. ¡No pase a la próxima unidad mientras aún tenga dificultad con el control de lo aprendido!

¡Trabaje todo el libro desde el principio hasta el final! Haga un capítulo también aunque no le interese o si cree, que no le es de importancia. Pues Ud. aprende también en éste vocabulario y estructuras importantes, indispensable que los sepa para los capítulos futuros. Por lo tanto no salte en su trabajo ningún capítulo, de otra manera tendrá más tarde dificultades, pues los diversos capítulos están estrechamente entrelazados y se construyen el uno sobre el otro.

Si Ud. trabaja el programa capítulo tras capítulo cuidadosamente, verá que domina el vocabulario fundamental de la matemática y que será capaz de leer textos de la rama de las matemáticas sin diccionario.

¡Tómese tiempo para su trabajo! Y ahora que se divierta y que tenga buen éxito!

Resumen:

— ¡Lea cada frase cuidadosamente!

— ¡Trabaje cada tramo detenidamente!

— ¡No vea las soluciones que pertenecen a los vacíos antes en el margen, sino póngalos de memoria y compare luego con la solución al margen!

— ¡No siga adelante mientras no pueda hacer el control de lo aprendido sin dificultad (y sin errores)!

— ¡No salte ningún tramo!

— ¡No deje ningún capítulo sin trabajarlo!

MNF nedir?

MNF programlaştırılmış bir dil kursudur. Üç bölümden meydana gelmiştir. I. bölüm: matematik, II. bölüm: fizik, III. bölüm: kimya. O size bu üç dalın temel meslek terminolojisini kavramanızı sağlayacak ve matematik, fizik ve kimya ile ilgili mesleki parçaların almancada rasyonel nasıl okunduğunu gösterecektir. Ayrıca bu bölümlerin meslek dili yapısının en önemlilerini öğreneceksiniz. Bu bölümler için tipik olan yapıları tanıyacak ve adı geçen parçaları okumağa hazırlandırılacaksınız.

MNF F. Almanya'da bir tabii bilimler yada teknik tahsiline başlamak isteyen tüm yabancı öğrencilere hitap etmektedir. O F. Almanya Yüksek Okul Studienkollegleri tarafından esas öğretim ve Studienkolleg için dil hazırlığı olarak tavsiye edilmektedir.

Bunun da ötesinde MNF, meslekleri gereği matematik, fizik veya kimya dalları ile ilgili terimlere ihtiyacı olan veya almanca bu dallarla ilgili parçalar okumak zorunda olanlar için de faydalıdır.

MNF almanca öğrenenler için temel bilgiler üzerine kurulmuş bir dil programı tasarısıdır. Şayet bir temel kurs yapmış veya almancanın temel bilgilerine sahipseniz (almancanın yapısını tanıyor, 800 kadar kelime hazineniz varsa), sözlük kullanmadan MNF'i baştan sona kadar çalışabilirsiniz. Kurs yeni kelimeleri otomotikman anlayabileceğiniz bir şekilde hazırlanmıştır.

MNF ile nasıl calışılır?

MNF ile en iyi bir şekilde şöyle çalışabilirsiniz:
Matematik programının birinci sayfasından başlayınız. Şablonu alınız ve birinci sayfanın ilk iki satırını kapatınız. Orada şunları göreceksiniz:

16
Das ist eine Zahl.

Şimdi biliyorsunuz: 16 bir sayıdır.
Şimdi şablonu gelecek cümleyi okuyabileceğiniz şekilde kaydırınız. Cümle şöyledir:
Diese Zahl hat zwei Stellen.

Şimdi biliyorsunuz: Bu sayının iki basamağı vardır. ,,Stellen'' kelimesinin anlamını otomatikman anlayacaksınız. Çünkü cümle şöyleydi: ,,Die Zahl 16 hat zwei Stellen.'' Iki (zwei) kelimesi ile sadece ,,basamaklar'' (Stellen) kasdedilmiş olunabilir. Çünkü, aksi takdirde 16 sayısı ile ,,iki'' kelimesi arasında hiç bir bağlantı olamaz. Şimdi şablonu daha aşağıya doğru çekiniz. Üst üste şunları göreceksiniz:

Diese Zahl hat zwei Stellen.
Sie ist zweistellig.

Bu cümle de bir önceki cümle tarafından açıklanıyor. Şimdi şablonu yine aşağıya doğru çekiniz. Şunu okursunuz:

Das ist eine zweistellige _____ .

"16 nın bir sayı olduğunu" yukarıda öğrendiniz. Öyleyse boşluğa "Zahl" kelimesini dolduracaksınız.

Şablonu devamla aşağıya doğru çekiniz. Böylece bu boşluğu dolduracak olan kelimeyi sağ veya sol kenarda bulacaksınız. Buna göre çözümün doğru olup olmadığını kontrol ediniz.

Bu şekilde çalışmağa devam ediniz.

Ikinci adımda şunları bulursunuz:

4

Das ist eine _____ .

"Zahl" (sayı) kelimesinin 16, 4 vb. tarif eden kelime olduğunu biliyorsunuz. "Zahl" kelimesini boşluğa doldurunuz, çözümü kontrol ediniz ve devam ediniz. Gelecek cümlede şunu göreceksiniz:

Diese Zahl hat eine Stelle.

Şayet yukardaki "Die Zahl 16 hat zwei Stellen." cümlesini tam anlayamadıysanız, şimdi "Stelle" kelimesinin ne demek olduğunu analayacaksınızdır:

16 hat zwei Stellen.
4 hat eine Stelle.

Daha aşağıda devamla şöyle denmektedir:

25389 hat _____ Stellen. (fünf)

Şimdi "Stelle" nin ne demek olduğunu iyice anlamış bulunuyorsunuz. Görüyorsunuz ki hiç bir sözlüğe ihtiyaç duymayacaksınız. Bir kelimeyi ilk okuyuşta anlayamazsanız bile, hemen sözlüğe bakmayınız. Ikinci veya üçüncü görüşünüzde kelimeyi mutlaka anlayacaksınızdır. Şayet "Stelle" kelimesini sözlükte arasaydınız, karşılık olarak şunları bulurdunuz:

"Mevki, meydanlık, durak, yer, yersellik, çevre, bir yazı parçasının bir bölümü, bir bütünün parçası, başlık, bölüm"

ve nihayet:

"Onluklar sisteminde bir sayının yeri."

Mamafih böyle kesin tarifler her lügatta yoktur. Genel konuşma dilinde kullanılan kelimelerin mesleki dildeki anlamını vermeyen lügatlar da vardır. Ya da, özellikle oldukça yeni yahut oldukça ihtisaslaştırılmış mesleki bir kelime hakkında hiç bir açıklama bulamazsınız. Her halükârda (tekdilden) lügatlardaki kelimelerin açıklanması bu programdakinden daha karışıktır. Öyleyse mümkün mertebe lügatsız çalışınız! Lügata gerçekten ihtiyacınız yok! Ilk adımda çalışılacak olanı iyice çalıştıktan sonra ikinci adımı atınız.

Eğer hangi kelimeyi boşluğa koymanızın gerektiğini iyice kestiremiyorsanız, hemen kenardaki çözüme bakmeyınız! Uygun kelimeyi buluncaya kadar yeni baştan tekrar ediniz! Programdan, eğer önce kendi bulduğunuz çözümü boşluğa doldurur, sonra kontrol ederseniz gerçekten faydalanabilirsiniz.

Bir proğram bölümünün tümünü çalıştıktan sonra, bir öğrenim kontrolu bulacaksınız. Böylece programda öğrendiğiniz kavramları gerçekten kullanıp kulanamadığınızı deneyebileceksiniz. Bu öğrenim kontrolünü de, programda uyguladığınız çalışma tarzı ile çalışınız. Kenarda, çözümlerin yanında doldurulacak olan ve ilk defa karşılaştığınız ve orada çok kere tarif edilen kavramların sayfa numarasını bulacaksınız. Öyleyse hata yaptığınızda nereden başlayacağınızı biliyorsunuz.

Program sayfalarını iyice çalışınız, hatta gerekiyorsa iki defa veya daha fazla tekrar ediniz. Mesleki parçaları zorluk çekmeden çalışabilmeniz, mesleki terminolojiyi gerçekten iyi bilmeniz ile mümkündür.

Her proğram bölümüne ait parçalar vardır. Bu parçalar, proğram bölümüne istinad eden bütünlük içerisindeki temalar içermektedirler. Parçalara başlamadan önce ,,parça hakkındaki açıklama" yı iyice, proğramda olduğu gibi çalışınız. Orada önce parçanın şeklini toplu bir bakış bulacaksınız. Parçanın şekline iyice bakınız. Parçanın şekli size parçanın içeriği hakkında kesin bilgiler verecektir. İşaret ve sayı örneklerinin yardımıyla, parçada ne olduğunu anlamağa çalışınız. Şekillerin sırasına çok dikkat ediniz. Şekillerin sırası size parçanın akışı hakkında kesin bilgiler verecektir. Bütün bunlardan sonra da programlaştırılmış bölümleri çalışınız. Burada bilmediğiniz, ancak parça için kilit noktalarını teşkil eden kelimeler açıklanmaktadır. Bütün bunlardan sonra parçayı okursanız, onu hiç bir zorluk çekmeden anladığınızı göreceksiniz.

Parçaya bağlı olarak alıştırmalar bulunmaktadır. Bu alıştırmalar, belirli meslek dili ile ilgili olarak sık sık karşınıza çıkan yapılarla ilgili alıştırmalardır.

Bu alıştırmaları yaptıktan sonra proğram bölümünün sonundaki öğrenim kontrolunu çalışınız. Öğrenim kontrolü herşeyi, bu bölümde proğramla parçayla, ve alıştırma ile ne öğrenmiş iseniz kontrol eder.

Bundan sonra gelecek bölüme geçip geçemiyeceğinizi veya aynı konuyu bir kere daha tekrar etmenize gerek olup olmadığını göreceksiniz. Şayet öğrenim kontrolünü zorluk çekmeden yapabiliyorsanız gelecek bölüme geçiniz!

Kitabı baştan sona kadar çalışınız. Bir bölüm sizi ilgilendirmiyorsa veya onun sizin için önemli olmayacağı kanaatinde de olsanız, yine de çalışınız. Siz bu bölümde de, ilerdeki bölümler için öngörülen önemli kelime ve yapıları öğreneceksiniz. Yani hiç bir bölümü çalışmadan geçmeyiniz. Aksi taktirde, tek tek bölümler birbirlerine sıkı sıkıya bağlı ve birbirlerini bütünleyici olduklarından, ileride zorluklarla karşılaşırsınız.

Şayet programın her bölümünü titizlikle çalışacak olursanız sonunda göreceksiniz ki, matematiğin temel kelime hazinesine hakimsiniz ve adı geçen matematik bölümündeki okuma parçalarını lügatsız okuyacaksınız.

Çalışırken kendinize bol zaman ayırınız! Ve şimdi zevkli çalışmalar ve bol başarılar!

Bir daha tekrar edelim:

Her cümleyi titizlikle okuyunuz!

Her paragrafı titizlikle çalışınız!

Boşluklara doldurulacak olan çözümleri, kenardaki çözüme bakmadan, önceden kendi bilginize göre doldurup, sonra kenardaki çözümler ile karşılaştırarak kontrol ediniz!

Öğrenim kontrolünü zorluk çekmeden (hatasız) yapabildiğiniz takdirde diğer konulara geçiniz!

Hiç bir paragrafı ve hiç bir bölümü atlamayınız!

Schablone

Schneiden Sie sich bitte für die Arbeit mit MNF eine Schablone aus starkem Papier oder dünnem Karton wie unten angegeben.

As shown below, please cut yourself a stencil out of heavy paper or thin cardboard, to use for working with MNF.

Pour travailler avec MNF vous aurez intérêt à découper un patron de papier épais ou de carton mince d'après le schéma ci-contre.

Para su trabaio con MNF córtese una plantilla de cartulina de la siguiente manera.

MNF çalışmalarınız için asağıda gördüğünüz resime göre kalın kağıt veya ince kartondan bir şablonu kesin.

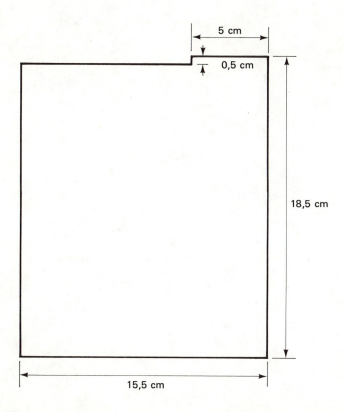

1 Zahlen

1 Zahlen

16	
Das ist eine Zahl.	
Diese Zahl hat zwei Stellen.	
Sie ist zweistellig.	
Das ist eine zweistellige _____ .	Zahl
4	
Das ist eine _____ .	Zahl
Diese Zahl hat eine Stelle.	
Sie ist *ein*_____ .	stellig
Das ist eine _____ _____ .	einstellige Zahl
25389	
Diese Zahl hat _____ _____ .	fünf Stellen
Sie ist _____ .	fünfstellig
Das ist eine _____ _____ .	fünfstellige Zahl
17 ist eine ganze Zahl,	
17,5 ist keine ganze Zahl.	
24 ist eine _____ Zahl.	ganze
7,21 ist keine _____ Zahl,	ganze
7,21 ist eine Dezimalzahl.	
7,21	
Man liest:	
„sieben Komma zwei eins"	
2,308 ist keine _____ _____ .	ganze Zahl
2,308 ist eine _____ .	Dezimalzahl
2,308	
Diese Dezimalzahl hat _____ Stellen hinter dem Komma.	drei
2,308	
Man liest:	
„zwei _____ drei Null acht"	Komma

1 Zahlen

8,64	
Das ist eine _____.	Dezimalzahl
Sie hat _____ _____	zwei Stellen
hinter dem _____.	Komma
+ 2	
Das ist eine positive Zahl.	
Vor der Zahl steht ein Pluszeichen.	
Vor der Zahl steht ein positives Vorzeichen.	
+ 2 ist eine *p*_____ Zahl.	positive
10 ist auch eine _____ _____.	positive Zahl
– 2 ist keine _____ Zahl,	positive
– 2 ist eine negative Zahl.	
– 3 ist eine *n*_____ Zahl.	negative
– 3 hat ein negatives Vorzeichen.	
– 4 hat ein _____ Vorzeichen.	negatives
+ 5 hat ein positives _____.	Vorzeichen
– 5 hat ein _____ _____.	negatives Vorzeichen
– 5 ist eine _____ Zahl mit negativem Vorzeichen.	ganze
– 7,5 ist eine _____	Dezimalzahl
mit negativem Vorzeichen.	
– 7,5 ist eine _____ _____.	negative Dezimalzahl
7 ist eine _____ Zahl mit positivem Vorzeichen.	ganze
8 ist eine positive _____ Zahl.	ganze
Alle positiven ganzen Zahlen sind natürliche Zahlen.	
Sind positive Dezimalzahlen natürliche Zahlen?	
ja	
nein	nein
Warum nicht?	

1 Zahlen

Positive Dezimalzahlen sind keine natürlichen Zahlen, weil sie keine _____ Zahlen sind.	ganzen
Sind negative ganze Zahlen natürliche Zahlen? ja nein Warum nicht? Negative ganze Zahlen sind keine natürlichen Zahlen, weil _____ Zahlen ganz und positiv sind.	nein natürliche
2, 4, 6, 8, 10, 12, 14 ... sind gerade Zahlen. Sind 1, 3, 5, 7, 9, 11, 13, 15 ... auch gerade Zahlen? ja nein 1, 3, 5, 7, 9, 11, 13, 15 ... sind ungerade Zahlen.	 nein

357 ist eine ungerade Zahl.
   50 ist eine _____ Zahl.
     7 ist eine _____ _____ .
   21 ist eine _____ _____ .
     2 ist eine _____ _____ .
	
	 gerade
	 ungerade Zahl
	 ungerade Zahl
	 gerade Zahl

2, 3, 5, 7, 11, 13, 19 ... sind Primzahlen. 9, 15, 21, 25, 27 sind keine Primzahlen. Ist 23 eine Primzahl? ja nein	 ja
23 ist eine _____*zahl* . 31 ist _____ _____ . 33 ist _____ _____ . 37 ist _____ _____ .	Prim eine Primzahl keine Primzahl eine Primzahl

1 Zahlen — Addieren

3 + 3 Das ist eine Addition. 3 + 3 = 6 6 ist das Ergebnis dieser _____ . 3 + 3 = 6 Man liest: „drei plus drei gleich sechs"	Addition
Bitte lesen Sie! 5 + 2 = 7 „fünf _____ zwei _____ sieben"	plus | gleich
8 + 4 = 12 „acht _____ vier _____ zwölf"	plus | gleich
2 + 9 Was ist das Ergebnis dieser Addition? Das Ergebnis dieser Addition ist _____ .	11
11 + 12 = 23 ein Summand ein Summand die Summe 11 + 12 ist eine _____ . Diese Addition hat _____ Summanden. Das Ergebnis einer Addition heißt _____ .	Addition zwei Summe
14 + 7 + 24 = 45 14 ist ein _____ . 24 ist ein _____ . 45 ist die _____ .	Summand Summand Summe
12 + 2 + 3 + 10 Das ist eine _____ . Sie hat vier _____ . 27 ist die _____ .	Addition Summanden Summe

1 Zahlen — Addieren

2 + 2 = 4 _____ ist die Summe. Die Summe hat den Wert 4.	4
3 + 2 = 5 Welchen Wert hat die Summe? Die Summe hat den Wert _____ . 5 ist der Wert der _____ . 5 ist der Summenwert.	5 Summe
5 + 5 = 10 Welchen Wert hat die Summe? Die Summe hat den _____ _____ . 10 ist der *Summen*_____ .	Wert 10 wert
3 + 6 = 9 Wie groß ist der Summenwert? Der _____ ist 9. Man sagt auch: Der Summenwert beträgt 9.	Summenwert
Bitte addieren Sie! 9 + 3 Der Summenwert beträgt _____ .	12

1 Zahlen — Subtrahieren

14 − 2 Das ist eine Subtraktion. 14 − 2 = 12 12 ist das Ergebnis dieser _____ .	Subtraktion
14 − 2 = 12 Man liest: „vierzehn minus zwei gleich zwölf"	
Bitte lesen Sie! 15 − 5 = 10 „fünfzehn _____ fünf _____ zehn"	minus | gleich
17 − 6 = 11 „siebzehn _____ sechs _____ elf"	minus | gleich
15 − 2 Was ist das Ergebnis dieser Subtraktion? Das Ergebnis dieser Subtraktion ist _____ .	13
8 − 2 = 6 der Minuend der Subtrahend die Differenz 8 − 2 ist eine _____ . Das Ergebnis einer Subtraktion heißt _____ .	Subtraktion Differenz
10 − 3 = 7 Der Subtrahend ist ____ . Der Minuend ist _____ . Die Differenz ist ____ .	3 10 7
100 − 30 = 70 100 ist der _____ . 30 ist der _____ . Welchen Wert hat die Differenz? Der Wert der _____ beträgt _____ .	Minuend Subtrahend Differenz | 70

1 Zahlen — Subtrahieren

100 − 40 Wie groß ist der Differenzwert? Der _____ beträgt _____ .	Differenzwert | 60
100 − 90 Was ist die Differenz von 100 und 90? Die _____ von 100 und 90 ist _____ .	Differenz | 10
Bitte subtrahieren Sie! 50 − 10 Der Differenzwert beträgt _____ .	40
Bitte subtrahieren Sie 10 von 50! 50 − 10 Der Differenzwert beträgt _____ .	40
Bitte subtrahieren Sie 5 von 9! Der Differenzwert beträgt _____ .	4

1 Zahlen — Multiplizieren

2 · 3 Das ist eine Multiplikation. 2 · 3 = 6 6 ist das Ergebnis dieser _____ .	Multiplikation
2 · 3 = 6 Man liest: „zwei mal drei gleich sechs"	
Bitte lesen Sie! 3 · 3 = 9 „drei _____ drei _____ neun"	mal | gleich
2 · 5 = 10 „zwei _____ fünf _____ zehn"	mal | gleich
5 · 4 Was ist das Ergebnis dieser Multiplikation? Das Ergebnis dieser Multiplikation ist _____ .	20
2 · 4 = 8 ein Faktor ein Faktor das Produkt 2 · 4 ist eine _____ . Diese Multiplikation hat _____ Faktoren. Das Ergebnis einer Multiplikation heißt _____ .	Multiplikation zwei Produkt

5 · 6 = 30
  6 ist ein _____ .
30 ist das _____ .
  5 ist ein _____ .
	Faktor
	Produkt
	Faktor

3 · 11 Diese Multiplikation hat zwei _____ . 33 ist das _____ .	Faktoren Produkt

1 Zahlen — Multiplizieren

5 · 11 Wie groß ist das Produkt aus 5 und 11? Das _____ von 5 und 11 ist _____ .	Produkt | 55
Bitte multiplizieren Sie! 3 · 13 Das Produkt von 3 und 13 ist _____ .	39
Bitte multiplizieren Sie 3 mit 13! 3 · 13 Das _____ von 3 und 13 ist _____ .	Produkt | 39
Bitte multiplizieren Sie 3 mit 4! _____ Das Ergebnis dieser Multiplikation ist _____ .	3 · 4 12
Bitte multiplizieren Sie 2 mit 3! _____ 2 und 3 sind die _____ . 6 ist das _____ .	2 · 3 Faktoren Produkt
6 ist also ein Produkt. 6 ist das Ergebnis der _____ von 2 und 3. 6 = 2 · 3 Man kann das Produkt 6 in die Faktoren 2 und 3 zerlegen.	Multiplikation

2*a* ist ein _____ .
Kann man dieses Produkt zerlegen?
    ja
    nein
Man kann das Produkt 2a in die _____
2 und *a* zerlegen.
	Produkt
	
	ja
	
	Faktoren

1 Zahlen — Multiplizieren

3*ab* ist ein _____ . 3*ab* = 3 · *a* · *b* Man kann das Produkt 3*ab* in die Faktoren 3, *a* und *b* _____ .	Produkt zerlegen
4*x* ist ein _____ . Man kann dieses Produkt in die _____ ____ und ____ _____ .	Produkt Faktoren 4 | *x* zerlegen

1 Zahlen — Dividieren

12 : 6 Das ist eine Division. 12 : 6 = 2 2 ist das Ergebnis dieser _____ . 12 : 6 = 2 Man liest: „zwölf dividiert durch sechs gleich zwei" oder „zwölf geteilt durch sechs gleich zwei" oder: „zwölf durch sechs gleich zwei"	Division
Bitte lesen Sie! 6 : 3 = 2 „sechs _d_____ _____ drei _____ zwei" oder: „sechs _g_____ _____ drei _____ zwei" oder: „sechs _____ drei _____ zwei" 8 : 4 = 2 „acht _____ vier _____ zwei" oder: „acht _____ vier _____ zwei"	dividiert durch | gleich geteilt durch | gleich durch | gleich durch | gleich geteilt/dividiert durch | gleich
64 : 8 Was ist das Ergebnis dieser Division? Das Ergebnis dieser _____ ist ____ .	Division | 8
24 : 4 = 6 der Dividend der Divisor der Quotient 24 : 4 ist eine _____ . Das Ergebnis einer Division heißt _____ .	Division Quotient

1 Zahlen — Dividieren

15 : 3 = 5	
15 ist der _____ .	Dividend
3 ist der _____ .	Divisor
5 ist der _____ .	Quotient
27 : 3	
Das ist eine _____ .	Division
Das Ergebnis einer Division heißt _____ .	Quotient
27 ist in dieser Division der _____ .	Dividend
3 ist der _____ .	Divisor
Der Quotient heißt ____ .	9
Bitte dividieren Sie!	
18 : 2	
Der Quotient heißt ____ .	9
Bitte dividieren Sie 18 durch 2!	
18 : 2	
Der Quotient heißt ____ .	9
Bitte dividieren Sie 10 durch 5!	
____ : ____	10 | 5
Der Quotient heißt ____ .	2

1 Zahlen — Variable

$a + b = c$	
Die Summanden a und b sind Variable.	
a ist eine Variable.	
b ist auch eine _____ .	Variable
c ist auch eine _____ .	Variable
Variable schreibt man als Buchstaben.	
$13 \cdot a = 13a$	
Ist 13 eine Variable?	
ja	
nein	nein
13 ist eine _____ .	Zahl
Ist a eine Zahl?	
ja	
nein	nein
a ist keine _____ .	Zahl
a ist ein Buchstabe.	
Dieser Buchstabe steht für eine Zahl.	
a ist also eine _____ .	Variable
$a - b = c$	
Die Buchstaben ___ , ___ und ___ stehen für Zahlen.	$a\|b\|c$
Der Minuend a ist also eine Variable.	
Der Subtrahend b ist auch eine _____ .	Variable
Die Differenz c ist eine _____ .	Variable
$3xy = 3 \cdot x \cdot y$	
Man kann das Produkt $3xy$ in die Faktoren 3, x und y	
_____ .	zerlegen
Man kann also $3xy$ in eine _____ und zwei	Zahl
_____ zerlegen.	Variable

1 Zahlen — Lernkontrolle   Wiederholen Sie auf Seite ↓

1. 37 + 12 = 49
    5 · 10 = 50
  39 : 3 = 13
    6 − 2 = 4		

Wie heißt der Quotient? _____	13	42
Welche Zahl ist der Minuend? _____	6	37
Wie heißt der Divisor? _____	3	42
Welchen Wert hat das Produkt? _____	50	39
Wie heißt der Subtrahend? _____	2	37
Wie heißen die Faktoren? _____ _____	5 10	39
Wie groß ist der Differenzwert? _____	4	38
Wie heißen die Summanden? _____ _____	37 12	35
Wie groß ist der Summenwert? _____	49	36
2. Der Quotient einer Division ist 5, der Divisor 10. Der Dividend beträgt _____ .	50	42
3. Das Produkt von zwei Faktoren ist 36, die Faktoren sind gleich, sie heißen ____ und ____ .	6 | 6	39
4. Dividieren Sie die Differenz von 20 und 2 durch die Summe von 5 und 4! _____ Multiplizieren Sie den Quotienten mit 10! _____	18 : 9 2 · 10	43 40
5. Der Quotient von zwei Zahlen mit negativem Vorzeichen ist _____ .	positiv	33
6. Wenn bei einer Subtraktion Minuend und Subtrahend gleich sind, ist die _____ gleich 0.	Differenz	37
7. 2, 16, 39, 44, 68, 72, 99, 104 Unterstreichen Sie die ungeraden Zahlen!	<u>39</u>, <u>99</u>	34
8. Zahlen, die man nur durch sich selbst und durch 1 dividieren kann, heißen _____ .	Primzahlen	34

1 Zahlen – Hinführung zum Text

Addieren und Subtrahieren von Zahlen

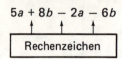

$5a + 8b - 2a - 6b$

Rechenzeichen

$(+5a) + (+8b) - (+2a) - (+6b)$

Vorzeichen

$(+5a) + (+8b) + (-2a) + (-6b)$

Summe

$5a + 8b - 2a - 6b = 5a + 8b + (-2a) + (-6b)$

$\boxed{5a + 8b - 2a - 6b}$ algebraische Summe

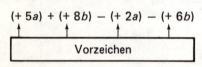

$5a + 8b - 2a - 6b$

Rechenzeichen

Die Pluszeichen und Minuszeichen in dieser Aufgabe sind
_____ .   Rechenzeichen

$(+5a) + (+8b) - (+2a) - (+6b)$

Vorzeichen

Die einzelnen Zahlen der Aufgabe sind hier mit positiven
_____ geschrieben.   Vorzeichen

Diese positiven _____ sind oben weggelassen.   Vorzeichen

1 Zahlen — Hinführung zum Text

$\underbrace{(+5a) + (+8b) + (-2a) + (-6b)}_{\text{Summe}}$	
Hier sind die Vorzeichen und _____ + und − vertauscht.	Rechenzeichen
Diese Aufgabe hat also nur noch _____ Rechenzeichen.	positive
$5a + 8b - 2a - 6b = 5a + 8b + (-2a) + (-6b)$ Wenn man die Rechenzeichen und die Vorzeichen + und − vertauscht, kann man jede Differenz als _____ schreiben.	Summe
$\boxed{5a + 8b - 2a - 6b}$ algebraische Summe	
Man nennt eine Aufgabe mit Summen und Differenzen eine algebraische _____ .	Summe
Eine algebraische Summe kann also _____ und _____ Zahlen enthalten.	positive negative

1 Zahlen – Text

Addieren und Subtrahieren von Zahlen

Die Zeichen + und − bei nebenstehender Aufgabe sind Rechenzeichen.

Die einzelnen Zahlen haben positive Vorzeichen, die man weglassen kann. Ein negatives Vorzeichen am Anfang einer Summe darf man aber nicht weglassen.

Man kann die Rechenzeichen und die Vorzeichen + und − miteinander vertauschen.

Auf diese Weise läßt sich jede Differenz als Summe schreiben.

Man gibt daher Summen und Differenzen oft den gemeinsamen Namen „algebraische Summe". Eine algebraische Summe kann also positive und negative Zahlen enthalten.

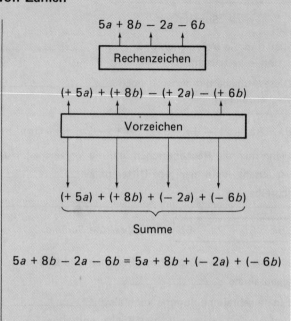

1 Zahlen — Übungen

Übung 1

Beispiel: Rechenzeichen und Vorzeichen lassen sich vertauschen.
          Man kann Rechenzeichen und Vorzeichen vertauschen.

1. Eine Differenz läßt sich als Summe schreiben.

    Man kann _____ .

2. Summanden lassen sich vertauschen.

    _____ .

3. Faktoren lassen sich vertauschen.

    _____ .

4. Minuend und Subtrahend lassen sich nicht vertauschen.

    _____ .

5. Dividend und Divisor lassen sich nicht vertauschen.

    _____ .

Übung 2

Beispiel: Summanden kann man vertauschen.
          Summanden lassen sich vertauschen.

1. Man kann Faktoren vertauschen.

    Faktoren _____ .

2. Man kann Minuend und Subtrahend nicht vertauschen.

    _____ .

3. Man kann Dividend und Divisor nicht vertauschen.

    _____ .

4. Man kann eine Differenz als Summe schreiben.

    Eine Differenz läßt sich _____ .

5. Man kann ein Produkt als Summe schreiben.

    _____ .

1 Zahlen — Lösung zu den Übungen

Übung 1

Beispiel: Rechenzeichen und Vorzeichen lassen sich vertauschen.
Man kann Rechenzeichen und Vorzeichen vertauschen.

1. Eine Differenz läßt sich als Summe schreiben.
   Man kann *eine Differenz als Summe schreiben.*

2. Summanden lassen sich vertauschen.
   Man kann Summanden vertauschen.

3. Faktoren lassen sich vertauschen.
   Man kann Faktoren vertauschen.

4. Minuend und Subtrahend lassen sich nicht vertauschen.
   Man kann Minuend und Subtrahend nicht vertauschen.

5. Dividend und Divisor lassen sich nicht vertauschen.
   Man kann Dividend und Divisor nicht vertauschen.

Übung 2

Beispiel: Summanden kann man vertauschen.
Summanden lassen sich vertauschen.

1. Man kann Faktoren vertauschen.
   Faktoren *lassen sich vertauschen.*

2. Man kann Minuend und Subtrahend nicht vertauschen.
   Minuend und Subtrahend lassen sich nicht vertauschen.

3. Man kann Dividend und Divisor nicht vertauschen.
   Dividend und Divisor lassen sich nicht vertauschen.

4. Man kann eine Differenz als Summe schreiben.
   Eine Differenz läßt sich *als Summe schreiben.*

5. Man kann ein Produkt als Summe schreiben.
   Ein Produkt läßt sich als Summe schreiben.

1 Zahlen — Lernkontrolle

$2 + 4 - 3 - 8$	
Die Plus- und Minuszeichen in dieser _____ _____ sind _____ .	algebraischen Summe | Rechenzeichen
Die einzelnen Zahlen haben positive _____ , die hier weggelassen sind.	Vorzeichen
Rechenzeichen und Vorzeichen _____ _____ vertauschen.	lassen sich / kann man
Deshalb kann man jede _____ als Summe schreiben.	Differenz
Summen und Differenzen haben den gemeinsamen Namen _____ _____ .	algebraische Summe
Algebraische Summen enthalten also _____ und _____ Zahlen.	positive negative

2a Klammern

2a Klammern

$a - (b + c - d)$ Das ist eine algebraische _____ . Die Summanden b, c und d stehen in einer runden Klammer. Man liest: „a minus Klammer auf b plus c minus d Klammer zu"	Summe
Bitte lesen Sie! $7a + (3b - 6c)$ „$7a$ plus _____ _____ $3b$ minus $6c$ _____ _____ "	Klammer auf Klammer zu
$a + (b + c - d)$ „a plus _____ _____ b plus c minus d _____ _____ "	Klammer auf Klammer zu
$2a - [4b - (2a + 3b) - 4a] - 6b$ Die Summanden $2a$ und $3b$ stehen in einer _____ _____ . Die Summanden in der runden Klammer und die Summanden $4b$ und $4a$ stehen in einer eckigen Klammer. Man liest: „$2a$ minus eckige Klammer auf $4b$ minus _____ Klammer auf $2a$ plus $3b$ _____ Klammer zu minus $4a$ _____ Klammer zu minus $6b$"	runden Klammer runde runde eckige
Bitte lesen Sie! $18a - [- (14a - 8b) + 3a - 4b]$ „$18a$ minus _____ Klammer auf minus _____ _____ _____ $14a$ minus $8b$ _____ _____ _____ plus $3a$ minus $4b$ _____ _____ _____ "	eckige | runde Klammer auf | runde Klammer zu eckige Klammer zu

2a Klammern

$a + (b - c) = a + b - c$ Vor der runden Klammer steht ein positives _____ . Wenn man die Klammer wegläßt, verändert sich das Rechenzeichen in der Klammer nicht.	Rechenzeichen
$a - (b - c) = a - b + c$ Vor der Klammer steht ein _____ _____ . Wenn man die Klammer wegläßt, verändert sich das Rechenzeichen in der Klammer. Man sagt auch: Das Rechenzeichen in der Klammer wird umgekehrt.	negatives Rechenzeichen
$a - (b + c - d) = a - b - c + d$ Vor der Klammer steht ein _____ _____ . Wenn man die Klammer wegläßt, werden die Rechenzeichen in der Klammer _____ .	negatives Rechenzeichen umgekehrt
$a + (b + c - d) = a + b + c - d$ Vor der Klammer steht ein _____ _____ . Wenn man die Klammer auflöst, werden die Rechenzeichen in der Klammer nicht verändert.	positives Rechenzeichen
$7a - (3a + 5b - 6c)$ Wenn man die Klammer auflöst, muß man die Rechenzeichen in der Klammer _____ .	umkehren/verändern
$75a - (15b - 12ab + 3bc)$ Vor der Klammer steht ein Minuszeichen. Man muß also die Rechenzeichen in der Klammer umkehren, wenn man die Klammer _____ .	auflöst

2a Klammern

$25a - [36 + (19a - 11b) - 12a]$	
Vor der runden Klammer steht ein _____ _____ .	positives Rechenzeichen
Man kann also die runde Klammer weglassen, ohne die _____ in der Klammer umzukehren.	Rechenzeichen
Vor der eckigen Klammer steht ein _____ _____ .	negatives Rechenzeichen
Wenn man die eckige Klammer auflöst, muß man also die Rechenzeichen in der Klammer _____ .	umkehren/verändern
$5a - [3b - (2a - 6b)]$	
Bitte, lösen Sie die runde Klammer auf!	
$5a -$ _____	$5a - [3b - 2a + 6b]$
Vor der eckigen Klammer steht ein _____ Rechenzeichen.	negatives
Deshalb muß man die Rechenzeichen in der Klammer _____ , wenn man die Klammer auflöst.	umkehren
$5a - [-(4a + 9b) - (9a + 13b)]$	
Zuerst löst man die _____ Klammern auf.	runden
Vor den _____ _____ stehen negative Rechenzeichen.	runden Klammern
Deshalb muß man die Rechenzeichen in den runden Klammern _____ .	umkehren
Dann _____ man die eckige Klammer _____ .	löst | auf
Man muß die Rechenzeichen in der Klammer _____ , weil vor der Klammer ein negatives Rechenzeichen steht.	umkehren

2a Klammern

$4a + 4b + 4c$ Die Summanden dieser Summe sind Produkte. Alle drei Summanden haben den _____ 4. Der Faktor 4 ist allen drei Summanden gemeinsam. Die Summanden haben also einen gemeinsamen _____ . Der _____ Faktor ist 4.	Faktor Faktor gemeinsame
$6bx + 6an - 6nx$ Der gemeinsame Faktor ist _____ .	6
$an + bn - cn$ n ist der _____ _____ .	gemeinsame Faktor
$an + bn - cn = n(a + b - c)$ Der gemeinsame Faktor ist hier ausgeklammert.	
$6a - 9b + 12c$ Der gemeinsame Faktor ist _____ . $6a - 9b + 12c$ Bitte klammern Sie den gemeinsamen Faktor aus! _____	3 $3(2a - 3b + 4c)$
$15n - 20mn + 10an$ Bitte klammern Sie aus! _____	$5n(3 - 4m + 2a)$
$an + bn + am$ Die Summanden haben keinen _____ _____ . Man kann also keinen gemeinsamen Faktor _____ .	gemeinsamen Faktor ausklammern

2a Klammern

$an + bn - cn$ Diese algebraische Summe hat drei Glieder.	
$ab + bc + bd - 4a$ Diese Summe hat vier _____ . Jedes Glied dieser Summe ist ein _____ .	Glieder Produkt
$an + bn - cn = n(a + b - c)$ Haben die Glieder einer Summe einen gemeinsamen Faktor, so kann man ihn _____ . Die Summe wird dadurch in ein Produkt umgewandelt.	ausklammern
$25ab + 125ac + 75a$ Diese Summe hat drei _____ . Bitte wandeln Sie diese Summe in ein Produkt um! _____	Glieder $25a(b + 5c + 3)$
$4a + 3b + 12c$ Diese Summe kann man nicht in ein Produkt _____ , weil man keinen gemeinsamen Faktor _____ kann.	umwandeln ausklammern

2a Klammern — Lernkontrolle

Wiederholen Sie auf Seite ↓

1. $2a - [3b - (4a + 5) - 6b]$ Zuerst löst man die _____ Klammer auf und dann die _____ .	runde eckige	54 54
2. Die Summe $3a + 4b$ kann auch in der Form $1 \cdot (3a + 4b)$ geschrieben werden, ohne daß sich ihr Wert _____ .	verändert	55
3. $2a - (3b - 4a)$ Wenn man die Klammer auflöst, muß man die Rechenzeichen in der Klammer _____ .	umkehren	55
4. Man muß die Rechenzeichen in einer Klammer, vor der ein negatives Rechenzeichen steht, umkehren, wenn man die Klammer _____ .	auflöst/wegläßt	55
5. $3ab + 4ac + 2a$ a ist der _____ _____ .	gemeinsame Faktor	57
6. $-2a - 3ab + 4ac = (-a) \cdot (2 + 3b - 4c)$ Die Vorzeichen der Glieder in einer Klammer müssen umgekehrt werden, wenn man einen negativen Faktor _____ .	ausklammert	57
7. $an - bn + cn - dn$ Haben mehrere _G_____ einer Summe einen gemeinsamen Faktor, so kann man ihn ausklammern. Die Summe wird dadurch in ein Produkt umgewandelt.	Glieder	58
8. $4ax + 5x + 7cdx + 7cd$ Die Glieder dieser Summe haben keinen gemeinsamen Faktor. Man kann nur aus zwei oder drei Gliedern gemeinsame Faktoren ausklammern. Diese Summe läßt sich also nicht in ein Produkt _____ .	umwandeln	58

2a Klammern – Hinführung zum Text

Ein –Zeichen steht vor einer Klammer 15 – (7 + 3 – 2) 15 – (7 + 3 – 2) 15 – 8 = 7 15 – (7 + 3 – 2) 15 – (+ 7) – (+ 3) – (– 2) 15 – 7 – 3 + 2 = 7 15 – (7 + 3 – 2) = 7 15 – 7 – 3 + 2 = 7 $\boxed{a - (b + c - d) = a - b - c + d}$	
15 – (7 + 3 – 2) Von einer Zahl soll eine algebraische _____ subtrahiert werden.	Summe
15 – (7 + 3 – 2) 15 – 8 = 7 Man kann von der Zahl den _____ der Summe subtrahieren.	Wert
15 – (7 + 3 – 2) 15 – (+ 7) – (+ 3) – (– 2) Man kann aber auch von der Zahl jedes einzelne Glied der Summe _____ .	subtrahieren

2a Klammern — Hinführung zum Text

15 − (+ 7) − (+ 3) − (− 2) In dieser algebraischen Summe sind Vorzeichen und Rechenzeichen geschrieben. Wenn man die Aufgabe lösen will, muß man Vorzeichen und Rechenzeichen zusammenfassen: 15 − (+ 7) − (+ 3) − (− 2) 15 − 7 − 3 + 2 = 7	
15 − (7 + 3 − 2) = 7 ↓ ↓ ↓ 15 − 7 − 3 + 2 = 7 Die Rechenzeichen der Glieder in der Klammer sind nach dem Wegfallen der Klammer umgekehrt.	
$\boxed{a - (b + c - d) = a - b - c + d}$ Wenn man in einer Summe eine Klammer wegläßt, vor der ein Minuszeichen steht, so muß man die Rechenzeichen in der Klammer _____ .	umkehren

2a Klammern — Text

Ein −Zeichen steht vor einer Klammer

Soll von einer Zahl eine Summe subtrahiert werden, so gibt es zwei Möglichkeiten:

$15 - (7 + 3 - 2)$

1. Man subtrahiert von der Zahl den Wert der Summe.

1. $15 - \underbrace{(7 + 3 - 2)}$

$15 - \quad 8 \quad = 7$

2. Man subtrahiert von der Zahl jedes einzelne Glied der Summe. Nach dem Zusammenfassen von Rechenzeichen und Vorzeichen kann man die Aufgabe lösen.

2. $15 - (7 + 3 - 2)$
$15 - (+7) - (+3) - (-2)$
$15 - 7 - 3 + 2 = 7$

Betrachtet man bei der zweiten Lösungsmöglichkeit die Aufgabe nach Wegfall der Klammer, so erkennt man, daß die Rechenzeichen der Glieder in der Klammer sich umgekehrt haben. Das gleiche gilt auch, wenn an Stelle der bestimmten Zahlen Variablen stehen.

$15 - (7 + 3 - 2) = 7$
$15 - 7 - 3 + 2 = 7$

Merke: Läßt man in einer Summe eine Klammer weg, vor der ein −Zeichen steht, so muß man die Rechenzeichen aller Glieder in der Klammer umkehren.

$\boxed{a - (b + c - d) = a - b - c + d}$

1. Läßt man die Klammer bei dieser Aufgabe weg, so muß man die Rechenzeichen der Glieder in der Klammer umkehren.

Beispiele

1. $7x - (3x + 5b - 6c)$
$= 7x - 3x - 5b + 6c$
$= 4x - 5b + 6c$

2. Es können in einer Aufgabe auch mehrere Klammern vorkommen. Bei ihrer Auflösung müssen die Rechenzeichen vor der Klammer beachtet werden. Ist das Rechenzeichen vor einer Klammer positiv (+), so kann man die Klammer einfach weglassen.

2. $15a - (3b + 7c - 5a) + (b - 3c)$
$= 15a - 3b - 7c + 5a + b - 3c$
$= 15a + 5a - 3b + b - 7c - 3c$
$= 20a - 2b - 10c$

2a Klammern — Text

3. Am Anfang einer Aufgabe wird ein positives Rechenzeichen nicht geschrieben. Das erste Glied in der zweiten Klammer $(-5a)$ ist negativ. Es wird nach Wegfall der Klammer positiv.

4. Am Anfang einer Aufgabe darf man ein negatives Rechenzeichen nicht weglassen.

Läßt man bei nebenstehender Summe die Klammer weg, so müssen die Rechenzeichen der Glieder in der Klammer umgekehrt werden.

Schließt man umgekehrt in der so entstandenen Summe die letzten drei Glieder in eine Klammer ein, so müssen alle Rechenzeichen der Glieder in der Klammer umgekehrt werden, da vor der Klammer dann ein —Zeichen steht. Man stellt also den ursprünglichen Zustand wieder her.

Wenn man eine Klammer setzt, vor der ein —Zeichen steht, müssen die Rechenzeichen aller Glieder in der Klammer umgekehrt werden.

3.
$(3a - 4b) - (-5a + 7b)$
$= 3a - 4b + 5a - 7b$
$= 3a + 5a - 4b - 7b$
$= 8a - 11b$

4.
$-(9x + 3y) - (-15x - 7y)$
$= -9x - 3y + 15x + 7y$
$= 15x - 9x + 7y - 3y$
$= 6x + 4y$

$3a - (4b - 5c + 3x)$
$= 3a - 4b + 5c - 3x$

$3a - 4b + 5c - 3x$
$= 3a - (4b - 5c + 3x)$

Beispiele

1. Schließen Sie die letzten drei Glieder in eine Klammer ein.

$75a - 15b + 12ab - 3bc$
$75a - (15b - 12ab + 3bc)$

2. Schließen Sie die letzten vier Glieder in eine Klammer ein.

$1{,}8x + 3{,}4b - 2{,}7x + 8{,}4b + 7{,}6x - 5b$
$1{,}8x + 3{,}4b - (2{,}7x - 8{,}4b - 7{,}6x + 5b)$

2a Klammern — Übungen

Übung 1

Beispiel: Nach dem Auflösen der Klammern kann man die Aufgabe lösen.
Wann also kann man die Aufgabe lösen?
Wenn die Klammern _aufgelöst_ _sind_.

1. Nach dem Zusammenfassen von Vorzeichen und Rechenzeichen kann man die Aufgabe lösen.
   Wann also kann man die Aufgabe lösen?
   Wenn die Vorzeichen und Rechenzeichen _____ _____ .

2. Nach dem Auflösen der Klammern kann man die Aufgabe lösen.
   Wann also kann man die Aufgabe lösen?
   Wenn die Klammern _____ _____ .

3. Nach Auflösung der Klammern kann man die Aufgabe lösen.
   Wann also kann man die Aufgabe lösen?
   Wenn die Klammern _____ _____ .

4. Nach Wegfall der Klammern kann man die Aufgabe lösen.
   Wann also kann man die Aufgabe lösen?
   Wenn die Klammern _____ _____ .

5. Nach Wegfall der eckigen Klammer kann man die Aufgabe lösen.
   Wann also kann man die Aufgabe lösen?
   Wenn die eckige Klammer _____ _____ .

Übung 2

Beispiel: Beim Auflösen einer Klammer, vor der ein negatives Rechenzeichen steht, werden die Rechenzeichen in der Klammer umgekehrt.
Wann werden die Rechenzeichen in der Klammer umgekehrt?
Wenn eine Klammer _aufgelöst_ _wird_ , vor der ein negatives Rechenzeichen steht.

1. Bei Auflösung einer Klammer, vor der ein negatives Rechenzeichen steht, werden die Rechenzeichen in der Klammer umgekehrt.
   Wann werden die Rechenzeichen in der Klammer umgekehrt?
   Wenn eine Klammer _____ _____ , vor der ein negatives Rechenzeichen steht.

2a Klammern — Übungen

2. Bei Wegfall einer Klammer, vor der ein negatives Rechenzeichen steht, werden die Rechenzeichen in der Klammer umgekehrt.
   Wann werden die Rechenzeichen in der Klammer umgekehrt?
   Wenn eine Klammer _____ , vor der ein negatives Rechenzeichen steht.

3. Beim Auflösen einer Klammer, vor der ein negatives Rechenzeichen steht, werden die Rechenzeichen in der Klammer umgekehrt.
   Wann werden die Rechenzeichen in der Klammer umgekehrt?
   Wenn eine Klammer _____ _____ , vor der ein negatives Rechenzeichen steht.

2a Klammern — Lösung zu den Übungen

Übung 1

Beispiel: Nach dem Auflösen der Klammern kann man die Aufgabe lösen.
Wann also kann man die Aufgabe lösen?
Wenn die Klammern _aufgelöst_ _sind_.

1. Nach dem Zusammenfassen von Vorzeichen und Rechenzeichen kann man die Aufgabe lösen.
   Wann also kann man die Aufgabe lösen?
   Wenn die Vorzeichen und Rechenzeichen _zusammengefaßt_ _sind_.

2. Nach dem Auflösen der Klammern kann man die Aufgabe lösen.
   Wann also kann man die Aufgabe lösen?
   Wenn die Klammern _aufgelöst_ _sind_.

3. Nach Auflösung der Klammern kann man die Aufgabe lösen.
   Wann also kann man die Aufgabe lösen?
   Wenn die Klammern _aufgelöst_ _sind_.

4. Nach Wegfall der Klammern kann man die Aufgabe lösen.
   Wann also kann man die Aufgabe lösen?
   Wenn die Klammern _weggefallen_ _sind_.

5. Nach Wegfall der eckigen Klammer kann man die Aufgabe lösen.
   Wann also kann man die Aufgabe lösen?
   Wenn die eckige Klammer _weggefallen_ _ist_.

Übung 2

Beispiel: Beim Auflösen einer Klammer, vor der ein negatives Rechenzeichen steht, werden die Rechenzeichen in der Klammer umgekehrt.
Wann werden die Rechenzeichen in der Klammer umgekehrt?
Wenn eine Klammer _aufgelöst_ _wird_, vor der ein negatives Rechenzeichen steht.

1. Bei Auflösung einer Klammer, vor der ein negatives Rechenzeichen steht, werden die Rechenzeichen in der Klammer umgekehrt.
   Wann werden die Rechenzeichen in der Klammer umgekehrt?

2a Klammern — Lösung zu den Übungen

Wenn eine Klammer _aufgelöst_ _wird_ , vor der ein negatives Rechenzeichen steht.

2. Bei Wegfall einer Klammer, vor der ein negatives Rechenzeichen steht, werden die Rechenzeichen in der Klammer umgekehrt.
Wann werden die Rechenzeichen in der Klammer umgekehrt?

Wenn eine Klammer _wegfällt_ , vor der ein negatives Rechenzeichen steht.

3. Beim Auflösen einer Klammer, vor der ein negatives Rechenzeichen steht, werden die Rechenzeichen in der Klammer umgekehrt.
Wann werden die Rechenzeichen in der Klammer umgekehrt?

Wenn eine Klammer _aufgelöst_ _wird_ , vor der ein negatives Rechenzeichen steht.

2a Klammern – Lernkontrolle

18 − (2 + 5 − 7)	
Wenn man von einer Zahl eine algebraische Summe _____ will, so kann man entweder von der Zahl den Wert der _____ oder die einzelnen _____ der Summe subtrahieren und _____ dem Zusammenfassen von Vorzeichen und Rechenzeichen die Aufgabe lösen.	subtrahieren Summe Glieder | nach
Wenn vor der Klammer ein negatives Rechenzeichen steht, muß man die Rechenzeichen aller Glieder in der _____ beim Auflösen umkehren.	Klammer
Steht vor der Klammer ein positives Rechenzeichen, so kann man die Klammer einfach _____ . Die Rechenzeichen in der Klammer werden dann also nicht _____ .	weglassen umgekehrt

2b Brüche

2b Brüche

$\frac{1}{2}$ Ist das eine ganze Zahl? ja nein Das ist keine _____ _____ , das ist ein Bruch. Der Zähler beträgt 1, der Nenner beträgt 2. Der Nenner steht unter dem Bruchstrich.	nein ganze Zahl
$\frac{1}{2}$ Man liest: „einhalb" $\frac{8+7}{9}$ Man liest: „acht plus sieben durch neun"	
$\frac{1}{3}$ ein Drittel $\frac{1}{4}$ ein Viertel $\frac{1}{5}$ ein _____ $\frac{1}{7}$ ein Siebtel $\frac{1}{8}$ ein Achtel $\frac{1}{9}$ ein _____ $\frac{1}{20}$ ein Zwanzigstel $\frac{1}{21}$ ein _____ $\frac{1}{30}$ _____ _____ $\frac{1}{100}$ ein Hundertstel $\frac{1}{1000}$ ein Tausendstel	Fünftel Neuntel Einundzwanzigstel ein Dreißigstel
$1\frac{1}{2}$ eineinhalb $2\frac{1}{3}$ zwei _____ _____	ein Drittel

2b Brüche

$3\frac{3}{4}$ _____ _____ _____	drei drei Viertel
$\frac{2}{7} + \frac{3}{7} + \frac{5}{7} + \frac{1}{7}$ Die _____ dieser Summe sind Brüche. Sind die Zähler gleich? 　　　　　　　　　　　　　ja 　　　　　　　　　　　　　nein Die Zähler sind _____ gleich. Die Zähler sind ungleich. Sind die Nenner gleich? 　　　　　　　　　　　　　ja 　　　　　　　　　　　　　nein Die Nenner sind _____ . Man sagt: Die Brüche sind gleichnamig.	Summanden/Glieder nein nicht ja gleich
$\frac{2}{6} + \frac{9}{10} + \frac{2}{5} + \frac{10}{12}$ Sind diese Brüche gleichnamig? 　　　　　　　　　　　　　ja 　　　　　　　　　　　　　nein Diese Brüche sind nicht _____ . Sie sind ungleichnamig. Es sind _____ Brüche.	 nein gleichnamig ungleichnamige
$\frac{4}{9} + \frac{6}{9} + \frac{2}{9}$ Bei diesen Brüchen sind alle _____ gleich. Es sind _____ Brüche.	Nenner gleichnamige
$\frac{3}{4} + \frac{1}{2} + \frac{1}{3}$ Bei diesen Brüchen sind die Nenner _____ . Es sind also _____ Brüche.	ungleich ungleichnamige

2b Brüche

Wenn man diese Brüche addieren will, so muß man sie gleichnamig machen: $\frac{3 \cdot 3}{4 \cdot 3} + \frac{1 \cdot 6}{2 \cdot 6} + \frac{1 \cdot 4}{3 \cdot 4} = \frac{9}{12} + \frac{6}{12} + \frac{4}{12}$ 12 ist der gemeinsame Nenner der Brüche. Man sagt auch: 12 ist der Hauptnenner.	
$\frac{1}{2} + \frac{1}{5}$ Welches ist der Hauptnenner? Der Hauptnenner ist _____ . $\frac{1 \cdot 5}{2 \cdot 5} + \frac{1 \cdot 2}{5 \cdot 2}$ Zähler und Nenner eines jeden Bruches sind mit derselben Zahl _____ . Man sagt: Zähler und Nenner sind erweitert.	10 multipliziert
$\frac{1}{4} + \frac{1}{3}$ Der _____ dieser Brüche ist 12. Bitte erweitern Sie diese Brüche! _____ + _____	Hauptnenner $\frac{1 \cdot 3}{4 \cdot 3} + \frac{1 \cdot 4}{3 \cdot 4}$
$\frac{3}{12} + \frac{4}{12}$ Die Brüche sind jetzt auf den _____ erweitert. Erweitern heißt also Zähler und Nenner des Bruches mit derselben Zahl _____ .	Hauptnenner multiplizieren
$\frac{2}{7} + \frac{1}{2} = \frac{2 \cdot 2}{7 \cdot 2} + \frac{1 \cdot 7}{2 \cdot 7}$ Die beiden Brüche sind auf den Hauptnenner _____ . Der _____ ist 14.	erweitert Hauptnenner

2b Brüche

$\frac{3}{6}$	
Haben Zähler und Nenner einen gemeinsamen Faktor? ja nein	ja
Der _____ _____ von Zähler und Nenner ist 3.	gemeinsame Faktor
$\frac{3^1}{6_2} = \frac{1}{2}$	
Man kann Zähler und Nenner durch den gemeinsamen Faktor _____ .	dividieren
Man sagt: Man kann den Bruch kürzen.	
Kürzen heißt also, Zähler und Nenner eines Bruches durch den _____ _____ dividieren.	gemeinsamen/gleichen Faktor
Bitte kürzen Sie die folgenden Brüche, wenn möglich!	
$\frac{9}{24} = $ —	$\frac{3}{8}$
$\frac{4}{27} = $ —	$\frac{4}{27}$
$\frac{4}{27}$ läßt sich nicht _____ , weil Zähler und Nenner keinen _____ _____ haben.	kürzen gemeinsamen Faktor
Bitte erweitern Sie mit 5a!	
$\frac{5}{6} = $ _____	$\frac{5 \cdot 5a}{6 \cdot 5a}$
Bitte erweitern Sie auf den Hauptnenner!	
$\frac{5}{6} + \frac{3}{4} - \frac{1}{2} = $ _____	$\frac{5 \cdot 2}{6 \cdot 2} + \frac{3 \cdot 3}{4 \cdot 3} - \frac{1 \cdot 6}{2 \cdot 6}$
Der _____ ist 12.	Hauptnenner
Die Brüche sind auf den Hauptnenner _____ .	erweitert
Der Wert der Brüche ist nicht verändert. Der Wert der Brüche ist *un*_____ .	verändert

2b Brüche

$\frac{\cancel{3}^1}{\cancel{6}_2} = \frac{1}{2}$

Der Bruch $\frac{3}{6}$ ist durch 3 _____ .	gekürzt
Der _____ des Bruches wird beim Kürzen nicht verändert.	Wert
Der Wert des Bruches bleibt _____ .	unverändert

Erweitert oder kürzt man einen Bruch, so bleibt der Wert des Bruches _____ .	unverändert

$\frac{ab + ac}{ax + ay} = \frac{b + c}{x + y}$

Man kann diesen Bruch durch a _____ .	kürzen
Man muß dabei alle Summanden im Zähler und alle Summanden im _____ durch dieselbe Zahl dividieren.	Nenner

$\frac{ab + ac + ad}{am}$

Durch welchen Faktor kann man diesen Bruch kürzen?	
Man kann diesen Bruch durch a _____ .	kürzen
Wenn man diesen Bruch kürzt, muß man jeden Summanden im _____ gegen den _____ kürzen.	Zähler | Nenner

$\frac{a}{b} \cdot \frac{m}{n} = \frac{am}{bn}$

Wenn man Brüche multiplizieren will, multipliziert man _____ mit _____ und	Zähler | Zähler
und _____ mit _____ .	Nenner | Nenner
Man dividiert also das Produkt der _____ durch	Zähler
das Produkt der _____ .	Nenner

$\frac{3}{4} : \frac{5}{6} = \frac{3 \cdot 6}{4 \cdot 5}$

Wenn man zwei Brüche dividieren will, multipliziert man den ersten Bruch mit dem Kehrwert des zweiten Bruches.
$\frac{6}{5}$ ist also der Kehrwert von $\frac{5}{6}$.

2b Brüche

Was ist der Kehrwert von $\frac{9}{8}$? Der Kehrwert von $\frac{9}{8}$ ist _____ .	$\frac{8}{9}$
$\frac{3}{4} : \frac{5}{7} = \frac{3 \cdot 7}{4 \cdot 5}$ Wenn man zwei Brüche dividieren will, multipliziert man den ersten Bruch mit dem _____ des zweiten Bruches.	Kehrwert
$\frac{7}{5}$ ist der _____ von $\frac{5}{7}$.	Kehrwert
$0,5 = \frac{5}{10}$ Die Dezimalzahl 0,5 ist hier in einen Bruch verwandelt.	
Bitte verwandeln Sie die folgende Dezimalzahl in einen Bruch! 0,7 = ――	$\frac{7}{10}$
Bitte verwandeln Sie den folgenden Bruch in eine Dezimalzahl! $\frac{4}{5}$ = _____	0,8
Ein Bruch läßt sich also auch in eine Dezimalzahl _____ .	verwandeln

2b Brüche — Lernkontrolle

Wiederholen Sie auf Seite ↓

1. Eine Dezimalzahl läßt sich in einen _____ verwandeln.	Bruch	70/75
2. $\frac{5}{9}$ Wie heißt der Zähler? _____	5	70
3. Schreiben Sie bitte als Zahl: vier Drittel _____	$\frac{4}{3}$	70
sieben Hundertstel _____	$\frac{7}{100}$	70
4. $2 = \frac{2}{1}$ Ganze Zahlen haben den _____ 1.	Nenner	70
5. $\frac{1}{15} + \frac{7}{20} + \frac{28}{18} + \frac{37}{41}$ Diese Brüche sind _____ .	ungleichnamig	71
6. $\frac{1}{3} + \frac{2}{5}$ Der Hauptnenner ist _____ .	15	72
7. Einen Bruch erweitern heißt _____ und _____ mit dem gleichen Faktor _____ .	Zähler Nenner multiplizieren	72
8. Einen Bruch kürzen heißt _____ und _____ durch den gleichen Faktor _____ .	Zähler Nenner dividieren	73
9. Beim Kürzen bleibt der Wert eines Bruches _____ .	unverändert	73
10. Der Kehrwert von $\frac{4}{8}$ ist _____ .	$\frac{8}{4}$	74
11. Bitte verwandeln Sie $\frac{10}{4}$ in eine Dezimalzahl! _____	2,5	75

2b Brüche — Hinführung zum Text

Kürzen von Brüchen

$\frac{ab + ac}{a} = ?$

$$\frac{\cancel{a}b + \cancel{a}c}{\cancel{a}} = b + c$$

$$\frac{\cancel{a}b + \cancel{a}d}{\cancel{a}x + \cancel{a}y} = \frac{b + d}{x + y}$$

$a, x, y \neq 0$

$$\frac{ab + ac}{a} = \frac{\cancel{a}(b + c)}{\cancel{a}}$$
$$= b + c$$

$$\frac{ab + ad}{ax + ay} = \frac{\cancel{a}(b + d)}{\cancel{a}(x + y)}$$
$$= \frac{b + d}{x + y}$$

$a, x, y \neq 0$

$\frac{ab + ac}{a}$

Der Zähler des obenstehenden Bruches ist eine _____ .	Summe
Diese Summe hat die _____ ab und ac.	Summanden/Glieder

Wie wird dieser Bruch gekürzt?

Es gibt dabei zwei Möglichkeiten:

1. Möglichkeit:

$\frac{\cancel{a}b + \cancel{a}c}{\cancel{a}} = b + c$

Jeder Summand im _____ wird gegen den Nenner gekürzt.	Zähler

$\frac{\cancel{a}b + \cancel{a}d}{\cancel{a}x + \cancel{a}y} = \frac{b + d}{x + y}$

Bei diesem Bruch sind Zähler und Nenner _____ .	Summen
Man muß jeden Summanden im Zähler gegen jeden _____ im _____ kürzen.	Summanden | Nenner

77

2b Brüche – Hinführung zum Text

Man muß bei einem Bruch, der im Zähler und Nenner Summen hat, also immer alle _____ gegeneinander kürzen.	Summanden
Man darf bei einem Bruch also nicht nur einzelne Summanden einer Summe gegeneinander _____ .	kürzen
2. Möglichkeit: $$\frac{ab + ac}{a} = \frac{\cancel{a}\,(b + c)}{\cancel{a}}$$ $$= b + c$$	
Der Zähler des Bruches ist eine _____ . Man kann den _____ _____ a ausklammern.	Summe gemeinsamen Faktor
Dann kann man Zähler und Nenner durch den _____ _____ kürzen.	gemeinsamen Faktor
$$\frac{ab + ad}{ax + ay} = \frac{\cancel{a}\,(b + d)}{\cancel{a}\,(x + y)}$$ $$= \frac{b + d}{x + y}$$	
Bei diesem Bruch sind _____ und _____ Summen.	Zähler Nenner.
Wenn bei einem Bruch Zähler und Nenner Summen sind, klammert man, wenn möglich, die _____ _____ aus.	gemeinsamen Faktoren
Dann kann man durch die gemeinsamen Faktoren _____ .	kürzen.

2b Brüche — Text

Kürzen von Brüchen

Der Zähler des nebenstehenden Bruches ist eine Summe, die aus den zwei Summanden *ab* und *ac* besteht. Auf welche Weise wird solch ein Bruch gekürzt?

$$\frac{ab + ac}{a} = ?$$

Man kann dieses Problem am einfachsten an einer Aufgabe mit natürlichen Zahlen überlegen. Für *a*, *b* und *c* setzt man natürliche Zahlen ein. Ohne zu kürzen, erhält man als Ergebnis 8. Dieses Ergebnis ist in jedem Fall richtig.

$$a = 2;\ b = 3;\ c = 5$$

$$\frac{2 \cdot 3 + 2 \cdot 5}{2} = \frac{6 + 10}{2}$$
$$= \frac{16}{2}$$
$$= 8$$

Kürzt man bei der gleichen Aufgabe nur einen Summanden gegen den Nenner, so erhält man ein falsches Ergebnis (13).

$$\frac{2 \cdot 3 + 2 \cdot 5}{2} \neq 3 + 2 \cdot 5$$
$$\neq 13 \rightarrow \text{falsch}$$

Merke: Man darf niemals bei einem Bruch einzelne Summanden einer Summe kürzen.

Kürzt man beide Summanden gegen den Nenner, so ist das Ergebnis richtig.

$$\frac{2 \cdot 3 + 2 \cdot 5}{2} = 3 + 5 = 8$$

Merke: Sind bei einem Bruch Zähler und Nenner Summen, so muß man alle Summanden durch die gleiche Zahl kürzen.

$$\frac{\cancel{a}b + \cancel{a}c}{\cancel{a}} = b + c$$

$$\frac{\cancel{a}b + \cancel{a}d}{\cancel{a}x + \cancel{a}y} = \frac{b + d}{x + y}$$

$a, x, y \neq 0$

2b Brüche — Text

Man erhält das gleiche Ergebnis, wenn man vor dem Kürzen die Summen von Zähler und Nenner durch Ausklammern von gemeinsamen Faktoren in Produkte umwandelt. Danach kann man gleiche Faktoren kürzen. Dieser Weg ist übersichtlicher.

$$\frac{ab + ac}{a} = \frac{\cancel{a}(b+c)}{\cancel{a}}$$
$$= b + c$$

$$\frac{ab + ad}{ax + ay} = \frac{\cancel{a}(b+d)}{\cancel{a}(x+y)}$$
$$= \frac{b+d}{x+y}$$

$a, x, y \neq 0$

Merke: Sind Zähler und Nenner Summen, so muß man, wenn möglich, gemeinsame Faktoren ausklammern und kann dann gleiche Faktoren kürzen.

Beispiele

1. Durch Ausklammern von xz kann man den Zähler in ein Produkt umwandeln. Die gleichen Faktoren xz kann man kürzen.

1. $\frac{axz + bxz - cxz}{axz} = \frac{\cancel{xz}(a+b-c)}{\cancel{axz}}$
$= \frac{a+b-c}{a}$

2. Man kann diesen Bruch nur kürzen, wenn man im Zähler -4 ausklammert. Achten Sie dabei genau auf die Vorzeichen. Man schreibt den Summanden $3c$ und nicht den Summanden $-5a$ an den Anfang. Es ist zweckmäßig, immer einen positiven Summanden an den Anfang zu stellen.

2. $\frac{20a + 8b - 12c}{-4} = \frac{\cancel{-4}(-5a - 2b + 3c)}{\cancel{-4}}$
$= 3c - 5a - 2b$

3. Bei diesem Bruch kann man im Zähler und Nenner den gemeinsamen Faktor $2a$ ausklammern und kürzen.

3. $\frac{4ax - 2ab}{6ax + 10ab} = \frac{\cancel{2a}(2x - b)}{\cancel{2a}(3x + 5b)}$
$= \frac{2x - b}{3x + 5b}$

4. Die zu kürzenden Faktoren können auch Summen sein. Jede alleinstehende Summe oder Differenz kann man mit 1 multiplizieren und damit in ein Produkt umwandeln.

4. $\frac{ax - bx + ay - by}{a - b} = \frac{(x+y)\cancel{(a-b)}}{\cancel{(a-b)} \cdot 1}$
$= \frac{x+y}{1}$
$= x + y$

2b Brüche — Text

5. Ein —Zeichen vor dem Bruch kann in den Zähler oder in den Nenner gebracht werden.

   Bei diesem Beispiel sieht man, daß Zähler und Nenner gleich sind und gekürzt werden können.

Ein Bruch mit gleichem Zähler und Nenner hat immer den Wert 1.

5. $-\dfrac{b-2}{2-b} = \dfrac{-(b-2)}{2-b}$

   $= \dfrac{-b+2}{2-b}$

   $= \dfrac{\cancel{2-b}}{\cancel{2-b}}$

   $= 1$

2b Brüche — Übungen

Übung 1

Beispiel: Sind bei einem Bruch Zähler und Nenner Summen, so muß man alle Summanden durch die gleiche Zahl kürzen.

Wann muß man alle Summanden durch die gleiche Zahl kürzen?

Wenn bei einem Bruch Zähler und Nenner Summen sind.

Bitte suchen Sie im Text auf Seite 79/80 die Sätze heraus, die so gebaut sind wie der Beispielsatz!

1. _____

2. _____

3. _____

2b Brüche — Lösung zu den Übungen

Übung 1

Beispiel: Sind bei einem Bruch Zähler und Nenner Summen, so muß man alle Summanden durch die gleiche Zahl kürzen.

Wann muß man alle Summanden durch die gleiche Zahl kürzen?

Wenn bei einem Bruch Zähler und Nenner Summen sind.

Bitte suchen Sie im Text auf Seite 79/80 die Sätze heraus, die so gebaut sind wie der Beispielsatz!

1. *Kürzt man bei der gleichen Aufgabe nur einen Summanden gegen den Nenner, so erhält man ein falsches Ergebnis.*

2. *Kürzt man beide Summanden gegen den Nenner, so ist das Ergebnis richtig.*

3. *Sind Zähler und Nenner Summen, so muß man, wenn möglich, gemeinsame Faktoren ausklammern und kann dann gleiche Faktoren kürzen.*

2b Brüche — Übungen

Übung 2

Beispiel: Sind bei einem Bruch Zähler und Nenner Summen, so muß man alle Summanden durch die gleiche Zahl kürzen.

Wann muß man alle Summanden durch die gleiche Zahl kürzen?

Wenn bei einem Bruch Zähler und Nenner Summen _sind_.

1. Kürzt man bei der gleichen Aufgabe nur einen Summanden gegen den Nenner, so erhält man ein falsches Ergebnis.

   Wann erhält man ein falsches Ergebnis?

   _____ man bei der gleichen Aufgabe nur einen Summanden gegen den Nenner _____ . | Wenn kürzt

2. Kürzt man beide Summanden gegen den Nenner, so ist das Ergebnis richtig.

   Wann ist das Ergebnis richtig?

   _____ man beide Summanden gegen den Nenner _____ . | Wenn kürzt

3. Läßt man in einer Summe eine Klammer weg, vor der ein Minuszeichen steht, so muß man die Rechenzeichen in der Klammer umkehren.

   Wann muß man die Rechenzeichen in der Klammer umkehren?

   _____ man in einer Summe eine Klammer _____ , vor der ein Minuszeichen steht. | Wenn wegläßt

4. Soll von einer Zahl eine Summe subtrahiert werden, so kann man entweder von der Zahl den Wert der Summe subtrahieren oder die einzelnen Glieder subtrahieren.

   Wann kann man entweder von der Zahl den Wert der Summe oder die einzelnen Glieder subtrahieren?

   _____ von einer Zahl eine Summe subtrahiert werden _____ . | Wenn soll

2b Brüche — Übungen

5. Steht ein positives Rechenzeichen vor einer Klammer, so kann man die Klammer einfach weglassen, ohne die Rechenzeichen in der Klammer umzukehren.

   Wann kann man die Klammer einfach weglassen, ohne die Rechenzeichen in der Klammer umzukehren?

   _____ ein positives Rechenzeichen vor der Klammer _____ .   Wenn steht

6. Will man ungleichnamige Brüche addieren, so muß man sie gleichnamig machen.

   Wann muß man ungleichnamige Brüche gleichnamig machen?

   _____ man sie addieren _____ .   Wenn | will

2b Brüche — Lernkontrolle

$$\frac{ab + ad}{ax + ay}$$	
Sind bei einem Bruch _____ und _____ Summen, so gibt es zwei Möglichkeiten, den Bruch zu kürzen:	Zähler | Nenner
1. Man muß alle Summanden des Zählers gegen _____ _____ des Nenners kürzen.	alle Summanden
Man darf jedoch nicht nur einzelne Summanden gegeneinander _____ .	kürzen
2. Man klammert die _____ _____ im Zähler und Nenner aus.	gemeinsamen Faktoren
Dann kann man durch die gemeinsamen Faktoren _____ .	kürzen

3a Potenzieren

3a Potenzieren

$2 \cdot 2 = 2^2$ Man kann ein Produkt mit gleichen Faktoren auch als Potenz schreiben.	
$2 \cdot 3$ Kann man dieses Produkt als Potenz schreiben? 　　　　　　　　　　　　　　ja 　　　　　　　　　　　　　　nein Man kann dieses Produkt _____ als Potenz schreiben, weil die Faktoren ungleich sind. Nur Produkte mit _____ Faktoren lassen sich als Potenz schreiben.	nein nicht gleichen
2^2 Man liest: „zwei hoch zwei" 2^3 „zwei _____ drei"	hoch
2^3 Das ist eine Potenz. 2 ist die Basis oder Grundzahl. 3 ist der Exponent oder die Hochzahl. $2^3 = 8$ 8 ist der Potenzwert.	
a^n Das ist eine _____ . n ist der Exponent. a ist die _____ .	Potenz Basis/Grundzahl
a^n Man liest: „a _____ n"	hoch

3a Potenzieren

a^2	
Das ist eine _____ .	Potenz
a ist die _____ .	Basis/Grundzahl
2 ist der _____ .	Exponent
Man liest: „*a* Quadrat"	
b^2	
Das ist eine _____ mit der _____ *b*.	Potenz | Basis
2 ist der _____ .	Exponent
Man liest: „*b* Q_____"	Quadrat
5^2	
Das ist eine _____ mit der _____ 5	Potenz | Basis
und dem _____ 2.	Exponenten
Ihr _____ beträgt 25.	Potenzwert
Die Basis 5 wird also mit 2 potenziert.	
3^2	
Das ist eine _____ mit der _____ 3	Potenz | Basis
und dem _____ 2.	Exponenten
Ihr _____ beträgt 9.	Potenzwert
Die Basis 3 wird also mit 2 _____ .	potenziert
Bitte lesen Sie!	
3^2	
„drei _____ zwei"	hoch
4^2	
„vier _____ zwei"	hoch
2^3	
„zwei _____ drei"	hoch

3a Potenzieren

10^5	
„zehn —————— fünf"	hoch
a^2	
„a ————————— "	Quadrat
b^2	
„b ————————— "	Quadrat
c^3	
„c —————— drei"	hoch
x^n	
„x —————— n"	hoch

3a Potenzieren — Lernkontrolle

Wiederholen Sie auf Seite ↓

1. 2 · 2,5 Dieses Produkt läßt sich nicht als Potenz schreiben, weil seine Faktoren _____ sind.	ungleich	88
2. Schreiben Sie bitte als Zahl: „a Quadrat" _____ „drei hoch zwei" _____	a^2 3^2	89 88
3. Der Potenzwert von 3^3 beträgt ____ .	27	88
4. Der Exponent bei einer Potenz gibt an, wie oft die Basis als _____ gesetzt werden soll.	Faktor	88
5. $3a^4 + 2a^2 + 6a^4 - a^2 = 3a^4 + 6a^4 + 2a^2 - a^2$ $= 9a^4 + a^2$ Man kann nur Potenzen mit gleicher Basis und gleichen _____ addieren.	Exponenten	88
6. Ist bei einer Potenz die Basis negativ und der Exponent eine gerade Zahl, so ist der Potenzwert _____ .	positiv	88
7. $(a^m)^n = a^{m \cdot n}$ Will man Potenzen _____ , so muß man ihre Exponenten miteinander multiplizieren.	potenzieren	89
8. $a^m \cdot a^n = a^{m+n}$ Potenzen mit gleicher _____ sollen multipliziert werden. Man addiert die _____ und potenziert die Basis mit der _____ der Exponenten.	Basis Exponenten Summe	88 88 88

3a Potenzieren — Lernkontrolle

Wiederholen Sie auf Seite ↓

9. $(\frac{6}{2})^2 = 3^2 = 9$		
Potenzen mit _____ Exponenten sollen dividiert werden. Man potenziert den _____ der Basen mit dem gemeinsamen _____ .	gleichen Quotienten Exponenten	88

3a Potenzieren — Hinführung zum Text

„Multiplizieren von Potenzen"

$2^3 \cdot 2^4 = 8 \cdot 16 = 128$ oder

$\quad 2^3 \quad \cdot \quad 2^4 \quad = 2^{3+4} = 2^7 = 128$

$\boxed{a^m \cdot a^n = a^{m+n}}$ $\quad m, n \rightarrow$ natürliche Zahlen

$3^2 \cdot 4^2 = 9 \cdot 16 = 144$

$3^2 \cdot 4^2 = (3 \cdot 4)^2 = 12^2 = 144$

$\boxed{a^n \cdot b^n = (a \cdot b)^n}$ $\quad n \rightarrow$ natürliche Zahl

---

$2^3 \cdot 2^4$

Das sind Potenzen mit gleicher _____ . — Basis
Sie sollen multipliziert werden.

$2^3 \cdot 2^4 = 2^{3+4} = 2^7 = 128$

Man addiert die _____ und potenziert — Exponenten
die Basis mit der _____ der Exponenten. — Summe

Wie multipliziert man also Potenzen mit gleicher Basis?

Man multipliziert Potenzen mit gleicher Basis, indem man
die Exponenten addiert und die Basis mit der Summe der
Exponenten _____ . — potenziert

$3^2 \cdot 4^2 = (3 \cdot 4)^2 = 12^2 = 144$

Potenzen mit _____ _____ — gleichen Exponenten
sollen multipliziert werden.

Man multipliziert die _____ und potenziert das Pro- — Basen
dukt der Basen mit dem gemeinsamen _____ . — Exponenten

Wie multipliziert man also Potenzen mit gleichen Exponenten?

Indem man die Basen miteinander multipliziert und das
Produkt der Basen mit dem gemeinsamen Exponenten
_____ . — potenziert

3a Potenzieren — Hinführung zum Text

Potenzen mit gleichen Exponenten werden also multipliziert, indem man das Produkt der Basen mit dem gemeinsamen _____ potenziert.	Exponenten
$a^n \cdot b^n = (a \cdot b)^n$ $n \to$ natürliche Zahl	
Potenzen mit gleichen Exponenten werden multipliziert, indem man das _____ der Basen potenziert.	Produkt
Umgekehrt gilt auch: Ein Produkt wird potenziert, indem man jeden _____ potenziert.	Faktor
Das gilt für jeden _____ n, der eine natürliche Zahl ist.	Exponenten

3a Potenzieren — Text

Multiplizieren von Potenzen

Merke: Potenzen mit gleicher Basis werden multipliziert, indem man die Exponenten addiert und die Basis mit der Summe der Exponenten potenziert.

$2^3 \cdot 2^4 = 8 \cdot 16 = 128$ oder

$$(\underbrace{\overset{1}{2} \cdot \overset{2}{2} \cdot \overset{3}{2}}_{2^3}) \cdot (\underbrace{\overset{4}{2} \cdot \overset{5}{2} \cdot \overset{6}{2} \cdot \overset{7}{2}}_{2^4}) = 2^7 = 128$$

$\qquad = 2^{3+4} = 2^7 = 128$

$\boxed{a^m \cdot a^n = a^{m+n}} \quad m, n \rightarrow$ natürl. Zahlen

Potenzen mit gleichen Exponenten werden miteinander multipliziert, indem man das Produkt der Basis mit dem gemeinsamen Exponenten potenziert.

Umkehrung: Ein Produkt wird potenziert, indem man jeden Faktor potenziert.

$3^2 \cdot 4^2 = 9 \cdot 16 = 144$

$3^2 \cdot 4^2 = (3 \cdot 4)^2 = 12^2 = 144$

$\boxed{a^n \cdot b^n = (a \cdot b)^n} \quad n \rightarrow$ natürl. Zahl

Es lassen sich hier nur Potenzen mit gleicher Basis multiplizieren.

Merke: Zunächst Potenzen multiplizieren und Klammer auflösen, dann zusammenfassen.

Beispiele:

1. $4a^3 x^7 \cdot 5a^4 x^2 = 4 \cdot 5 \cdot a^3 \cdot a^4 \cdot x^7 \cdot x^2$
$\qquad\qquad\quad = 20 a^7 x^9$

2. $(3ab)^3 = 3^3 \cdot a^3 \cdot b^3 = 27 a^3 b^3$

3. $b^{5-x} \cdot b^{x+n} = b^{5-x+x+n} = b^{5+n}$

Dividieren von Potenzen

Merke: Potenzen mit gleicher Basis werden dividiert, indem man die Basis mit der Differenz der Exponenten potenziert (Dividieren = Kürzen).

$\dfrac{2^5}{2^3} = \dfrac{32}{8} = 4$

$\dfrac{2^5}{2^3} = \dfrac{2 \cdot 2 \cdot 2 \cdot 2 \cdot 2}{2 \cdot 2 \cdot 2} = 4$ oder $2^{5-3} = 2^2 = 4$

3a Potenzieren — Text

Umkehrung: Ist der Exponent einer Potenz eine Differenz, so kann man dafür einen Bruch setzen.

$$\boxed{\frac{a^m}{a^n} = a^{m-n}}$$ $m, n \rightarrow$ natürliche Zahlen
$m > n$

Merke: Potenzen mit gleichen Exponenten werden dividiert, indem man den Quotienten der Basen mit dem gemeinsamen Exponenten potenziert.

$\frac{6^2}{2^2} = \frac{36}{4} = 9$

$(\frac{6}{2})^2 = 3^2 = 9$

Umkehrung: Ein Quotient (Bruch) wird potenziert, indem man Zähler und Nenner potenziert.

$$\boxed{\frac{a^n}{b^n} = (\frac{a}{b})^n}$$ $b \neq 0$
$n \rightarrow$ natürliche Zahl

Jede Potenz von 1 ist immer 1. Die Potenz einer positiven Zahl, die größer ist als 1, wächst mit steigender Hochzahl; ist die Zahl kleiner als 1, so wird der Potenzwert mit steigender Hochzahl immer kleiner.

$1^4 = 1 \cdot 1 \cdot 1 \cdot 1 = 1$

$3^4 = 3 \cdot 3 \cdot 3 \cdot 3 = 81$

$(\frac{1}{3})^4 = \frac{1}{3} \cdot \frac{1}{3} \cdot \frac{1}{3} \cdot \frac{1}{3} = \frac{1}{81}$

Ist der Exponent des Nenners größer als der des Zählers, so kann die Lösung auf zweierlei Art gefunden werden.

$\frac{a^3}{a^5} = \frac{\not{a} \cdot \not{a} \cdot \not{a}}{\not{a} \cdot \not{a} \cdot \not{a} \cdot a \cdot a} = \frac{1}{a^2}$

$\frac{a^3}{a^5} = a^{3-5} = a^{-2} = \frac{1}{a^2} = \frac{1}{a^{5-3}}$

$$\boxed{\frac{a^m}{a^n} = \frac{1}{a^{n-m}}}$$ $m < n$
$a \neq 0$

Eine Potenz mit negativem Exponenten ist gleich dem reziproken Wert der gleichen Potenz mit positivem Exponenten.

$$\boxed{a^{-b} = \frac{1}{a^b}}$$ $b \rightarrow$ natürliche Zahl
$a \neq 0$

Folgerung: Wird eine Potenz vom Zähler in den Nenner oder vom Nenner in den Zähler gebracht, so muß man die Vorzeichen der Exponenten umkehren. Die Exponenten der Potenzen können also beliebige ganze Zahlen sein.

$$\boxed{\frac{a^{-x}}{b^n} = \frac{b^{-n}}{a^x} = \frac{1}{a^x \cdot b^n}}$$ $a, b \neq 0$

3a Potenzieren — Text

Beispiele

Man subtrahiert immer den kleineren Exponenten vom größeren

1. $\frac{12a^3 b^4 c^7}{3a^2 b^5 c^6} = \frac{4ac}{b}$

2. $\left(\frac{4ax}{3bn}\right)^2 = \frac{(4ax)^2}{(3bn)^2} = \frac{16a^2 x^2}{9b^2 n^2}$

Merke: Jede Potenz mit dem Exponenten Null hat den Wert 1 ($a \neq 0$).

3. $\frac{a^3}{a^3} = a^{3-3} = a^0 = 1$

Beim Ausrechnen genau auf die Vorzeichen achten.

4. $\frac{a^{n+1} \cdot c^x}{a^n \cdot c^{x-1}} = a^{n+1-n} \cdot c^{x-(x-1)} = ac$

Lösungsgang:

Negative Exponenten beseitigen

5. $\frac{a^{-2} \cdot x^4 \cdot y^{-6}}{b^3 \cdot c^{-4} \cdot d^{-5}} : \frac{a^{-3} \cdot b^{-3} \cdot x^3}{c^{-5} \cdot y^6 \cdot d^{-6}}$

Brüche dividieren

$= \frac{x^4 c^4 d^5}{a^2 b^3 y^6} : \frac{x^3 c^5 d^6}{y^6 a^3 b^3} = \frac{x^4 c^4 d^5 \cdot y^6 a^3 b^3}{a^2 b^3 y^6 \cdot x^3 c^5 d^6}$

Brüche kürzen

$= \frac{ax}{cd}$

Potenzieren von Potenzen

Merke: Potenzen werden potenziert, indem man die Exponenten multipliziert.

$(2^3)^2 = (2 \cdot 2 \cdot 2)^2 = \left(\overset{1}{2} \cdot \overset{2}{2} \cdot \overset{3}{2}\right) \cdot \left(\overset{4}{2} \cdot \overset{5}{2} \cdot \overset{6}{2}\right) = 2^6$

$(2^3)^2 = 2^{3 \cdot 2} = 2^6 = 64$

Umkehrung: Ist der Exponent einer Potenz ein Produkt, so kann man dafür eine Potenz setzen, die mit einem der Faktoren potenziert wird.

$\boxed{(a^m)^n = a^{m \cdot n}}$ $m, n \to$ natürliche Zahlen

Folgerung: Man kann die Exponenten vertauschen.

$\boxed{(a^m)^n = (a^n)^m = a^{m \cdot n}}$

3a Potenzieren — Text

Beispiele:

Zähler und Nenner werden mit 3 potenziert.

1. $\left(\dfrac{3a^2}{2x^3}\right)^3 = \dfrac{3^3 \cdot a^6}{2^3 \cdot x^9} = \dfrac{27a^6}{8x^9}$

Beim Auflösen der Klammern von innen nach außen gehen.

2. $[(2a^3x^4)^2]^3 = [2^2 \cdot a^6 \cdot x^8]^3 = 2^6 \cdot a^{18} \cdot x^{24}$
$= 64a^{18}x^{24}$

Die Klammer bestimmt die Reihenfolge.

3. $(a^3)^3 = a^9$; $a^{(3^3)} = a^{27}$

3a Potenzieren — Übungen

Beispiel: Man multipliziert Potenzen mit gleicher Basis, _indem man_ die Basis mit der Summe der Exponenten _potenziert_ .

1. Man dividiert Potenzen mit gleicher Basis, _____ man die Basis mit der Differenz der Exponenten _____ .	indem potenziert
2. Man potenziert Potenzen, _____ man die Exponenten _____ .	indem multipliziert
3. Man kürzt einen Bruch, _____ _____ Zähler und Nenner durch die gleiche Zahl _____ .	indem man dividiert
4. Man erweitert einen Bruch, _____ _____ Zähler und Nenner mit der gleichen Zahl _____ .	indem man multipliziert
5. Man dividiert durch einen Bruch, _____ _____ mit dem Kehrwert _____ .	indem man multipliziert
6. Man multipliziert Brüche, _____ _____ Zähler mit Zähler und Nenner mit Nenner _____ .	indem man multipliziert
7. Man addiert ungleichnamige Brüche, _____ _____ die Brüche gleichnamig macht und dann die Zähler _____ .	indem man addiert
8. Man subtrahiert ungleichnamige Brüche, _____ _____ die Brüche gleichnamig macht und dann die Zähler _____ .	indem man subtrahiert
9. Man löst eine eckige Klammer auf, vor der ein Minuszeichen steht, _____ _____ die Rechenzeichen in der Klammer _____ .	indem man umkehrt

3a Potenzieren — Übungen

10. Man löst eine runde Klammer auf, vor der ein negatives Rechenzeichen steht, _____ _____ die Rechenzeichen in der Klammer _____ . | indem man umkehrt

11. Man addiert Potenzen mit gleicher Basis und gleichen Exponenten, _____ _____ die Potenzen _____ . | indem man addiert

12. Man subtrahiert Potenzen mit gleicher Basis und gleichen Exponenten, _____ _____ die Potenzen _____ . | indem man subtrahiert

3a Potenzieren — Lernkontrolle

Dividieren von Potenzen

$\boxed{\dfrac{a^m}{a^n} = a^{m-n}}$ $m, n \to$ natürliche Zahlen $m > n$	
Potenzen mit _____ _____ werden dividiert, indem man die Basis mit der _____ der Exponenten potenziert.	gleicher Basis Differenz
Dieser Satz läßt sich umkehren: Ist der Exponent einer Potenz eine _____ , so kann man diese Potenz als Bruch schreiben	Differenz
$\boxed{\dfrac{a^n}{b^n} = \left(\dfrac{a}{b}\right)^n}$ $b \neq 0$ $n \to$ natürliche Zahl	
Potenzen mit _____ _____ werden dividiert, _____ man den Quotienten der Basis mit dem gemeinsamen Exponenten _____ .	gleichen Exponenten indem potenziert
Umgekehrt gilt: Ein Quotient wird potenziert, _____ _____ Zähler und Nenner _____ .	indem man potenziert

3b Radizieren

3b Radizieren

$\sqrt[4]{16}$

Man liest:
„Vierte Wurzel aus sechzehn"

Bitte lesen Sie!

$\sqrt[n]{a}$

„n-te Wurzel ——— a"   aus

$\sqrt[6]{a}$

„sechste ——————— ———— a"   Wurzel aus

$\sqrt[5]{x}$

„——————— ———————— ———————— x"   fünfte Wurzel aus

$\sqrt[2]{4}$

„——————— ———————— ———————— 4"   zweite Wurzel aus

Man liest auch:
„Quadratwurzel aus 4"
oder einfach:
„Wurzel aus 4"

Bitte lesen Sie!

$\sqrt[2]{9}$

„——————— ———————— ———————— 9"   zweite Wurzel aus
„——————— ———————— 9"   Wurzel aus
„ Q ——————— ———————— 9"   Quadratwurzel aus

$\sqrt[2]{16}$

„——————— ———————— 16"   Wurzel aus

Bitte lesen Sie!

$\sqrt[3]{8}$

„——————— ———————— ———————— 8"   dritte Wurzel aus

Man sagt auch:
„Kubikwurzel aus 8"

3b Radizieren

Bitte lesen Sie! $\sqrt[3]{x^3}$ „———————————— aus x ———————— drei" oder „———————————— aus x ———————— drei" $\sqrt[2]{x^2}$ „———————————— aus x ————————" oder „Q ———————————— aus x ————————" oder „W ———————— aus x ————————"	dritte Wurzel | hoch Kubikwurzel | hoch zweite Wurzel | Quadrat Quadratwurzel | Quadrat Wurzel | Quadrat
$\sqrt[2]{9}$ 2 ist der Wurzelexponent. 9 ist die Basis oder der Radikand. Der Radikand steht unter dem Wurzelzeichen.	
$\sqrt[2]{16} = \pm 4$ 2 ist der ————————————— . 16 ist der ————————————— . Der Wurzelwert beträgt ± 4. Man sagt auch: Die Wurzel beträgt ± 4.	Wurzelexponent Radikand
$\sqrt[3]{8}$ 3 ist der ————————————— . 8 ist die ————————— . Der Wurzelwert beträgt ———— .	Wurzelexponent Basis ± 2
$\sqrt[2]{25}$ 2 ist der ————————————— .	Wurzelexponent

3b Radizieren

25 ist der _____ . ± 5 ist der _____ .	Radikand Wurzelwert
$\sqrt{81}$ Welchen Wert hat die Wurzel? Will man den Wurzelwert bestimmen, so muß man radizieren: $\sqrt{81} = \pm 9$	
Bitte radizieren Sie! $\sqrt[3]{8}$ _____ Will man den Wert einer Wurzel bestimmen, so muß man also _____ . Man sagt auch: Man muß die Wurzel ziehen.	± 2 radizieren
Bitte ziehen Sie die Wurzel! $\sqrt[3]{125}$ _____	± 5
$3^2 = 9$ Die Basis 3 wird mit 2 _____ . $\sqrt[2]{9} = \pm 3$ Die Basis 9 wird _____ . Das Radizieren ist also eine Umkehrung des Potenzierens.	potenziert radiziert

3b Radizieren — Lernkontrolle

Wiederholen Sie auf Seite ↓

1. Bitte radizieren Sie! $\sqrt{49}$ _____		7	106
2. Schreiben Sie bitte als Zahl!			
„Quadratwurzel aus 144" _____		$\sqrt[2]{144}$	104
„Wurzel aus 2" _____		$\sqrt{2}$	104
„fünfte Wurzel aus n" _____		$\sqrt[5]{n}$	104
„Kubikwurzel aus 729" _____		$\sqrt[3]{729}$	104
„n-te Wurzel aus a" _____		$\sqrt[n]{a}$	104
3. $\sqrt[3]{8} = +2$ $+2$ ist die _____ .		Wurzel	105
4. $\sqrt[4]{16}$ 4 ist der _____ .		Wurzelexponent	105
5. $\sqrt[n]{ab}$ Die _____ ist ab.		Basis	105
6. $\sqrt[2]{4} = \sqrt{4}$ Den _____ 2 einer Wurzel läßt man oft weg.		Exponenten	105
7. $\sqrt[2]{16} = \pm 4$ Der _____ beträgt ± 4.		Wurzelwert	105
8. $\sqrt{\frac{36}{9}} = \frac{\sqrt{36}}{\sqrt{9}} = \frac{6}{3} = 2$ Ein Bruch wird radiziert, indem man die Wurzel des Zählers durch die _____ des Nenners dividiert.		Wurzel	106
9. $\sqrt{4^3} = (\sqrt{4})^3 = 2^3$ Eine Potenz wird radiziert, indem man die Wurzel aus der Basis _____ und den Wurzelwert mit dem Exponenten der Basis potenziert.		zieht	106

3b Radizieren – Hinführung zum Text

Addieren und Subtrahieren von Wurzeln

$$3 \cdot \sqrt[3]{8} + 2 \cdot \sqrt[3]{8} - 3 \cdot \sqrt[3]{8} = (3 + 2 - 3)\sqrt[3]{8}$$
$$= 2\sqrt[3]{8} = 4$$

$$\boxed{a \cdot \sqrt[n]{a} + b \cdot \sqrt[n]{a} - c \cdot \sqrt[n]{a} = (a + b - c)\sqrt[n]{a}}$$

Beispiel:

$$5\tfrac{1}{2}\sqrt[7]{ax} + 6\tfrac{1}{4}\sqrt[7]{ab} + \sqrt[7]{ax} - 8\tfrac{1}{2}\sqrt[7]{ab}$$
$$= 5\tfrac{1}{2}\sqrt[7]{ax} + \sqrt[7]{ax} - \tfrac{34}{4}\sqrt[7]{ab} + \tfrac{25}{4}\sqrt[7]{ab}$$
$$= 6\tfrac{1}{2}\sqrt[7]{ax} - 2\tfrac{1}{4}\sqrt[7]{ab}$$

$$3 \cdot \sqrt[3]{8} + 2 \cdot \sqrt[3]{8} - 3 \cdot \sqrt[3]{8} = (3 + 2 - 3)\sqrt[3]{8}$$

Das ist eine algebraische _____ .	Summe
Sie besteht aus _____ Gliedern.	drei
Die einzelnen Glieder sind _P_____ .	Produkte

Jedes Produkt besteht aus einer Wurzel und einer Beizahl.

Zwischen der Beizahl und der Wurzel steht hier ein Malzeichen.

$$\boxed{a \cdot \sqrt[n]{a} + b \cdot \sqrt[n]{a} - c \cdot \sqrt[n]{a} = (a + b - c)\sqrt[n]{a}}$$

Alle Wurzeln haben den gleichen _____	Exponenten
und die gleiche _____ .	Basis
Nur ihre _____ sind ungleich.	Beizahlen
Man kann nur Wurzeln mit _____ Exponenten	gleichen
und _____ Radikanden zusammenfassen.	gleichen

3b Radizieren — Hinführung zum Text

$5\frac{1}{2} \sqrt[7]{ax} + 6\frac{1}{4} \sqrt[7]{ab} + \sqrt[7]{ax} - 8\frac{1}{2} \sqrt[7]{ab}$

Das ist eine algebraische Summe mit vier _____ .	Gliedern
Alle Wurzeln haben den gleichen _____ .	Exponenten
Zwei Wurzeln haben den _____ ax	Radikanden
und zwei Wurzeln haben den _____ ab.	Radikanden

$= 5\frac{1}{2} \sqrt[7]{ax} + \sqrt[7]{ax} - \frac{34}{4} \sqrt[7]{ab} + \frac{25}{4} \sqrt[7]{ab}$

Hier stehen die Glieder mit gleichen Wurzeln nebeneinander.

Man sagt:
Die Glieder sind geordnet.

Jetzt faßt man gleiche Wurzeln zusammen, das heißt,
man addiert bzw. subtrahiert die _____   Beizahlen
von gleichen Wurzeln:

$= 6\frac{1}{2} \sqrt[7]{ax} - 2\frac{1}{4} \sqrt[7]{ab}$

3b Radizieren — Text

Addieren und Subtrahieren von Wurzeln

Man kann nur Wurzeln mit *gleichen* Exponenten und Radikanden zu einem Glied zusammenfassen. Sie werden addiert und subtrahiert, indem man ihre Beizahlen (Koeffizienten) addiert und subtrahiert. Das Malzeichen zwischen Wurzel und Beizahl kann man weglassen.

$3 \cdot \sqrt[3]{8} + 2 \cdot \sqrt[3]{8} - 3 \cdot \sqrt[3]{8} = (3 + 2 - 3) \sqrt[3]{8}$
$= 2 \sqrt[3]{8} = 4$

$$a \cdot \sqrt[n]{a} + b \cdot \sqrt[n]{a} - c \cdot \sqrt[n]{a} = (a + b - c) \sqrt[n]{a}$$

Glieder ordnen und gleiche Wurzeln zusammenfassen.

Beispiel:

$5\frac{1}{2} \sqrt[7]{ax} + 6\frac{1}{4} \sqrt[7]{ab} + \sqrt[7]{ax} - 8\frac{1}{2} \sqrt[7]{ab}$

$= 5\frac{1}{2} \sqrt[7]{ax} + \sqrt[7]{ax} - \frac{34}{4} \sqrt[7]{ab} + \frac{25}{4} \sqrt[7]{ab}$

$= 6\frac{1}{2} \sqrt[7]{ax} - 2\frac{1}{4} \sqrt[7]{ab}$

Radizieren von Produkten

Merke: Ein Produkt wird radiziert, indem man jeden Faktor radiziert und die Wurzelwerte miteinander multipliziert.

$\sqrt{4 \cdot 16} = \sqrt{4} \cdot \sqrt{16} = 2 \cdot 4 = 8$
$\sqrt{64} = 8$

Umkehrung: Gleichnamige Wurzeln (d. h. Wurzeln mit gleichen Exponenten) werden multipliziert, indem man die Wurzel aus dem Produkt der Radikanden zieht.

$$\sqrt[n]{a \cdot b} = \sqrt[n]{a} \cdot \sqrt[n]{b}$$

$a, b \geq 0$
$n \to$ natürliche Zahl

$2 \sqrt{9} = 2 \cdot 3 = 6$

Wird ein vor dem Wurzelzeichen stehender Faktor unter die Wurzel gebracht, so muß man ihn mit dem Wurzelexponenten potenzieren.

$2 \sqrt{9} = \sqrt{2^2 \cdot 9} = \sqrt{36} = 6$

$$a \sqrt[n]{b} = \sqrt[n]{a^n \cdot b}$$

3b Radizieren — Text

Beispiele:

1. Oft läßt sich der Radikant in 2 Faktoren zerlegen, und aus einem Faktor kann man dann die Wurzel ziehen.

   1. $2\sqrt{36ab} = 2 \cdot \sqrt{36} \cdot \sqrt{ab} = 12\sqrt{ab}$
   2. $3\sqrt{50x} = 3\sqrt{2 \cdot 25 \cdot x} = 3\sqrt{25} \cdot \sqrt{2x}$
      $= 15 \cdot \sqrt{2x}$

3. Die Wurzel $\sqrt{\frac{\cancel{3}\cdot\cancel{8}\cdot\cancel{3}}{\cancel{4}\cdot\cancel{9}\cdot\cancel{2}}}$ ergibt 1, denn der Zähler läßt sich gegen den Nenner wegkürzen.

   3. $6\sqrt{\frac{3}{4}} \cdot 5\sqrt{\frac{8}{9}} \cdot 4\sqrt{\frac{3}{2}} = 6 \cdot 5 \cdot 4\sqrt{\frac{3 \cdot 8 \cdot 3}{4 \cdot 9 \cdot 2}}$
      $= 120$

4. Summe in ein Produkt umwandeln, dann jeden Faktor radizieren. Eine Summe darf nicht gliedweise radiziert werden.

   4. $\sqrt{121a + 121b} = \sqrt{121(a+b)}$
      $= 11\sqrt{a+b}$

Radizieren von Quotienten (Brüchen)

Merke: Ein Bruch wird radiziert, indem man die Wurzel des Zählers durch die Wurzel des Nenners dividiert.

$\sqrt{\frac{36}{9}} = \frac{\sqrt{36}}{\sqrt{9}} = \frac{6}{3} = 2$

$$\sqrt[n]{\frac{a}{b}} = \frac{\sqrt[n]{a}}{\sqrt[n]{b}} \quad \begin{array}{l} a \geq 0 \\ b > 0 \\ n \to \text{natürliche Zahl} \end{array}$$

Umkehrung: Wurzeln mit gleichem Exponenten werden dividiert, indem man die Wurzel aus dem Quotienten der Radikanden zieht.

Beispiele

1. $\sqrt[3]{\frac{64a}{343b}} = \frac{4}{7}\sqrt[3]{\frac{a}{b}}$

Den Radikanden in einzelne Wurzeln zerlegen und diese lösen.

2. $5 \cdot \sqrt[3]{\frac{8nx}{27x^2}} \cdot 64ab = 5 \cdot \sqrt[3]{\frac{8}{27} \cdot 64 \cdot \frac{nx}{x^2} \cdot ab}$

   $= 5 \cdot \sqrt[3]{\frac{8}{27}} \cdot \sqrt[3]{64} \cdot \sqrt[3]{\frac{abn}{x}}$

   $= 5 \cdot \frac{2}{3} \cdot 4 \cdot \sqrt[3]{\frac{abn}{x}} = \frac{40}{3}\sqrt[3]{\frac{abn}{x}}$

3b Radizieren — Text

Beide Radikanden unter eine Wurzel bringen und mit dem Kehrwert multiplizieren, danach radizieren.

3. $\sqrt{\frac{5x}{60}} : \sqrt{\frac{10x}{30}} = \sqrt{\frac{5x}{60} \cdot \frac{30}{10x}} = \sqrt{\frac{1}{4}} = \frac{1}{2}$

3b Radizieren – Übungen

Beispiel: $5\frac{1}{2}\sqrt[7]{ax} + 6\frac{1}{4}\sqrt[7]{ab} + \sqrt[7]{ax} - 8\frac{1}{2}\sqrt[7]{ab}$

Glieder ordnen!

$5\frac{1}{2}\sqrt[7]{ax} + \sqrt[7]{ax} - \frac{34}{4}\sqrt[7]{ab} + \frac{25}{4}\sqrt[7]{ab}$

---

1. $5\frac{1}{2}\sqrt[7]{ax} + \sqrt[7]{ax} - \frac{34}{4}\sqrt[7]{ab} + \frac{25}{4}\sqrt[7]{ab}$

   Glieder zusammenfassen!

   $= 6\frac{1}{2}\sqrt[7]{ax} - 2\frac{1}{4}\sqrt[7]{ab}$

---

2. $\sqrt{121a + 121b}$

   Summe in ein Produkt umwandeln!

   $= \sqrt{121(a+b)}$

---

3. $3 \cdot \sqrt[3]{8} + 2 \cdot \sqrt[3]{8} - 3 \cdot \sqrt[3]{8}$

   Koeffizienten zusammenfassen!

   $= (3 + 2 - 3)\sqrt[3]{8}$
   $= 2\sqrt[3]{8}$

---

4. $\frac{5}{6} + \frac{3}{4} - \frac{1}{2}$

   Brüche gleichnamig machen!

   $\frac{5 \cdot 2}{6 \cdot 2} + \frac{3 \cdot 3}{4 \cdot 3} - \frac{1 \cdot 6}{2 \cdot 6}$

   $= \frac{10}{12} + \frac{9}{12} - \frac{6}{12}$

---

5. $\frac{6ax}{2ax + 12bx - 6cx}$

   Zähler gegen Nenner kürzen!

   $= \frac{2 \cdot 3a\cancel{x}}{2\cancel{x}(a + 6b - 3c)}$

   $= \frac{3a}{a + 6b - 3c}$

3b Radizieren — Lernkontrolle

Radizieren von Produkten

Ein Produkt wird radiziert, indem man jeden Faktor _____ und die Wurzelwerte miteinander _____ .	radiziert multipliziert
Umgekehrt gilt für gleichnamige Wurzeln (Wurzeln mit gleichen Exponenten): Gleichnamige Wurzeln werden _____ , indem man die Wurzel aus dem Produkt der _____ zieht.	multipliziert Radikanden

Radizieren von Quotienten

Ein Bruch wird radiziert, _____ _____ die Wurzel des Zählers durch die _____ des _____ dividiert.	indem man Wurzel Nenners
Umgekehrt gilt: Wurzeln mit gleichem Exponenten werden dividiert, indem man die _____ aus dem _____ der Radikanden _____ .	Wurzel | Quotienten zieht

3c Logarithmieren

3c Logarithmieren

$2^3 = 8$ 3 ist der _____ dieser Potenz. 3 ist auch der Logarithmus der Zahl 8 zur Basis 2. Man schreibt: $^2\log 8 = 3$ Man liest: „Logarithmus 8 zur Basis 2 gleich 3"	Exponent
Bitte lesen Sie! $^5\log 125 = 3$ „Logarithmus _____ zur Basis ____ gleich 3."	125 | 5
$^2\log 32 = 5$ „Logarithmus ____ zur _____ gleich ____."	32 | Basis 2 | 5
$^{10}\log 100 = 2$ „_____ 100 zur _____ ____ gleich 2."	Logarithmus | Basis 10
$^{10}\log 1 = 0$ „_____ 1 _____ _____ 10 gleich Null."	Logarithmus | zur Basis
Man schreibt auch: $\log_2 8 = 3$ Man liest wieder: „Logarithmus 8 zur Basis 2 gleich 3"	
Bitte lesen Sie! $\log_4 16 = 2$ „Logarithmus ____ _____ _____ ____ gleich 2"	16 zur Basis 4

3c Logarithmieren

$2^x = 8$
$x = \log_2 8$

x ist der Logarithmus.
Der Logarithmus ist also ein Exponent.

Wie das Radizieren ist also auch das Logarithmieren eine Umkehrung des Potenzierens.

$3 = \log_2 8$

2 ist die Basis.
3 ist der Logarithmus.
8 ist der Numerus.

$3 = \log_{10} 1000$

1000 ist der _____ .	Numerus
10 ist die _____ .	Basis
3 ist der _____ .	Logarithmus

$n = \log_a b$

n ist der _____ .	Logarithmus
a ist die _____ .	Basis
b ist der _____ .	Numerus

$3 = \log_{10} 1000$
oder
$^{10}\log 1000 = 3$

Dieser Logarithmus hat die _____ 10.   Basis

Logarithmen zur Basis 10 schreibt man auch:
lg 1000 = 3

Man liest wieder:

„_____ 1000 _____ _____   Logarithmus | zur Basis
10 gleich 3"

Logarithmen zur Basis 10 heißen Zehnerlogarithmen, dekadische Logarithmen oder Briggsche Logarithmen.

3c Logarithmieren

lg 100 = 2 Das ist ein _d_____ Logarithmus. Man liest: "_____ _____ _____ _____ _____ _____ _____."	dekadischer Logarithmus 100 zur Basis 10 gleich 2
lg 820 = 2,9138 Der _Z_____ 820 ist eine Dezimalzahl. Sie hat _____ Stellen hinter dem Komma. Man schreibt sie mit den Ziffern 2, 9, 1, 3 und 8. Die Zahl 2,9138 wird also mit _____ Ziffern geschrieben.	Zehnerlogarithmus vier fünf
lg 5 = 0,69897 Der _Z_____ 5 ist eine Dezimalzahl mit fünf _____ hinter dem Komma. Sie wird mit den _____ 0, 6, 7, 8 und 9 geschrieben. Die Ziffern stehen in der Folge 0, 6, 9, 8, __, __. Die Ziffernfolge ist also 0698 __ __.	Zehnerlogarithmus Stellen Ziffern 9 7 97
lg 357,2 = 2,55292 Der _Z_____ 357,2 ist eine Dezimalzahl mit _____ _____ hinter dem Komma. Sie wird mit den _____ 2, 5 und 9 geschrieben. Ihre Ziffernfolge ist __ __ __ __ __ __.	Zehnerlogarithmus fünf Stellen Ziffern 255292
lg 1 = 0 lg 10 = 1 Die dekadischen Logarithmen aller Numeri zwischen 1 und 10 beginnen also mit 0, ...	

3c Logarithmieren

lg 10 = 1 lg 100 = 2 Die dekadischen Logarithmen aller _____ zwischen 10 und 100 beginnen mit 1, ...	Numeri
lg 100 = 2 lg 1000 = 3 Die _____ Logarithmen aller Numeri zwischen 100 und 1000 beginnen mit 2, ... Die Zahl, die bei dem dekadischen Logarithmus vor dem Komma steht, heißt Kennzahl oder Kennziffer.	dekadischen
lg 5 = 0,69897 Der Zehnerlogarithmus 5 hat die Kennzahl ____ .	0
lg 357,2 = 2,55292 Der Numerus liegt zwischen _____ und _____ . Er hat _____ Stellen vor dem Komma. Die Kennziffer des Zehnerlogarithmus ist also ____ . 255292 ist die _____ .	100 | 1000 drei 2 Ziffernfolge
lg 5 = 0,69897 Die _____ des Logarithmus ist 0. Die Ziffernfolge nach dem Komma heißt Mantisse.	Kennzahl/Kennziffer
lg 441,2 = 2,64464 Der Zehnerlogarithmus von 441,2 hat die _____ 2. Seine Mantisse hat die _____ 64464.	Kennzahl/Kennziffer Ziffernfolge
lg 2354,4 = 3,37189 Der Numerus 2354,4 hat _____ Stellen links vom Komma. Deshalb ist seine _____ 3. Seine _____ hat die Ziffernfolge 37189.	vier Kennziffer/Kennzahl Mantisse

3c Logarithmieren

lg 350 = 2,5441	
Der _____ hat drei Stellen.	Numerus
Deshalb ist seine _____ 2.	Kennzahl/Kennziffer
Seine _____ hat die Ziffernfolge 5441.	Mantisse

	0	1	2	3	4	5	6	7	8	9
151	17898	17926	17955	17984	18013	18041	18070	18099	18127	18156
152	18184	18213	18241	18270	18298	18327	18355	18384	18412	18441
153	18469	18498	18526	18554	18583	18611	18639	18667	18696	18724
154	18752	18780	18808	18837	18865	18893	18921	18949	18977	19005
155	19033	19061	19098	19117	19145	19173	19201	19229	19257	19285
156	19312	19340	19368	19396	19424	19451	19479	19507	19535	19562
157	19590	19618	19645	19673	19700	19728	19756	19783	19811	19838
158	19866	19893	19921	19948	19976	20003	20030	20058	20085	20112
159	20140	20167	20194	20222	20249	20276	20303	20330	20358	20385
160	20412	20439	20466	20493	20520	20548	20575	20602	20629	20656
161	20683	20710	20737	20763	20790	20817	20844	20871	20898	20925

Das ist ein Teil einer Logarithmentafel.	
Sie enthält _____ stellige Zehnerlogarithmen.	fünf
Wie heißt der lg 154,27?	
Der Numerus 154 steht in der ersten Spalte.	
Die Mantisse zum Numerus 154,2 steht in der 4. Spalte.	
Die Mantisse für 154,2 ist _____ .	18808
Die Mantisse für 154,3 steht in der 5. _____ .	Spalte
Die Mantisse für 154,3 ist _____ .	18837
Für 154,27 enthält die ~~L~~ _____ keine Mantisse. Man muß deshalb interpolieren.	Logarithmentafel
Die Differenz der beiden Mantissen ist _____ .	29
$\frac{7}{10}$ dieser Differenz ist 20,3.	
Man rundet 20,3 auf 20 ab und addiert 20 zur Mantisse _____ .	18808

3c Logarithmieren

Die Mantisse für den Numerus 154,27 ist also _____ .	18828
Die Kennziffer des Numerus 154,27 ist ____ , weil er drei _____ vor dem Komma hat.	2 Stellen
Also beträgt der _____ 154,27 2,18828.	Zehnerlogarithmus
Der Numerus 154,2 hat vier Stellen. Man findet die Mantisse seines Z_____ direkt in der obenstehenden Logarithmentafel. Hat ein Numerus fünf Stellen, so findet man die Mantisse seines Logarithmus nicht in dieser Tafel. Man findet sie, wenn man interpoliert. Man muß also _____ , wenn man den Logarithmus eines fünfstelligen Numerus finden will.	Zehnerlogarithmus interpolieren
Beim Interpolieren der Mantisse des Logarithmus 154,3 wurde 20,3 (= $\frac{7}{10}$ der Differenz der beiden Mantissen) auf 20 abgerundet. 20,3 wurde hier also auf ____ abgerundet. 43,2 wird auf ____ abgerundet. 47,8 wird hier auf 48 aufgerundet. 52,7 wird auf ____ aufgerundet.	 20 43 53
Bitte runden Sie auf zwei Stellen hinter dem Komma auf! 37,789 _____	37,79
Bitte runden Sie auf eine Stelle hinter dem Komma auf! 37,789 _____	37,8
Bitte runden Sie auf zwei Stellen hinter dem Komma ab! 47,121 _____	47,12
Bitte runden Sie auf eine Stelle hinter dem Komma ab! 47,121 _____	47,1

3c Logarithmieren

28,39 wird hier auf 28,4 _____ .	aufgerundet
28,32 wird hier auf 28,3 _____ .	abgerundet.
_____ man 26,3921 auf zwei Stellen hinter dem Komma _____ , so erhält man 26,39.	Rundet ab
_____ man 26,3921 auf eine Stelle hinter dem Komma _____ , so erhält man 26,4.	Rundet auf

3c Logarithmieren — Lernkontrolle

Wiederholen Sie auf Seite ↓

1. $^b\log a = n$ Logarithmieren heißt, zu einer gegebenen Basis b und einem gegebenen Potenzwert a den _____ suchen.	Exponenten	116/117
2. Ist die Kennziffer eines dekadischen Logarithmus 0, so ist sein _____ einstellig.	Numerus	117/119
3. Die Zahl 121 wird mit zwei verschiedenen _____ geschrieben.	Ziffern	118
4. Dekadische Logarithmen von vierstelligen Zahlen haben die _____ 3.	Kennziffer/Kennzahl	119
5. lg 2354,4 = 3,37189 Die Mantisse des dekadischen Logarithmus 2354,4 hat die _____ 37189.	Ziffernfolge	119
6. Der _____ 5 hat die Kennziffer 0.	Zehnerlogarithmus	117
7. Logarithmentafeln enthalten auf jeder Seite elf _____. In der linken stehen die Numeri, die anderen zehn enthalten die Mantissen der Logarithmen dieser Numeri.	Spalten	120
8. 47,1234 Bitte runden Sie auf eine Stelle hinter dem Komma ab! _____	47,1	121
9. 15,32985 Bitte runden Sie auf zwei Stellen hinter dem Komma auf! _____	15,33	121
10. Radizieren und _____ sind die Umkehrung des Potenzierens.	Logarithmieren	117

3c Logarithmieren — Hinführung zum Text

Das Aufschlagen des Logarithmus

Sehen Sie sich bitte zuerst die unterstrichenen Teile des folgenden Textes an. Arbeiten Sie dann den untenstehenden Text durch!

Die Zahl, die logarithmiert wird, heißt *Numerus*. Da lg 1 = 0 (denn 10^0 = 1), lg 10 = 1 (10^1 = 10), lg 100 = 2 (10^2 = 100) ... usw., beginnen die Logarithmen aller Numeri zwischen 1 und 10 mit 0, ..., die Logarithmen aller Numeri zwischen 10 und 100 mit 1, ..., die Logarithmen aller Numeri zwischen 100 und 1000 mit 2, ... usf. Diese vor dem Komma stehende Zahl heißt *Kennzahl* des Zehnerlogarithmus; die Ziffernfolge nach dem Komma *Mantisse*.

Wie sieht es nun mit den Logarithmen von Numeri aus, die kleiner sind als 1? Zum Beispiel lg 0,5. Es ist lg 0,5 = lg $\frac{5}{10}$. Ein Quotient wird logarithmiert, indem man die Logarithmen von Zähler und Nenner voneinander subtrahiert; also lg $\frac{5}{10}$ = lg 5 — lg 10.

lg 5 = 0,69897; lg 10 = 1. Somit lg 0,5 = 0,69897 — 1. In diesen Fällen rechnet man den zugehörigen negativen Wert des Logarithmus nicht aus, sondern läßt ihn in dieser Form stehen. Die angehängte negative Zahl heißt *negative Kennziffer*. In unserem Beispiel ist sie — 1; bei lg 0,05 ergibt sich 0,69897 — 2, und lg 0,005 ist analog gleich 0,69897 — 3 ... usf.

Wir sagen: die Zahlen 0,5, 0,05, 0,005, 5, 50, 500 ... usf. haben dieselben *geltenden Ziffern*. Ebenso haben die Zahlen 2301, 230,1, 23,01, 2,301, 0,2301, 0,02301 ... usf. dieselben geltenden Ziffern.

---

lg 357,2 = 2,55292	
357,2 ist der _____ .	Numerus
357,2 ist die Zahl, die _____ wird.	logarithmiert

3c Logarithmieren — Hinführung zum Text

2,55292 ist der _____ von 357,2.	Zehnerlogarithmus
Die Zahl vor dem Komma ist die _____,	Kennzahl / Kennziffer
die Ziffernfolge nach dem Komma heißt _____ .	Mantisse
lg 0,5 = lg $\frac{5}{10}$	
lg $\frac{5}{10}$ = lg 5 − lg 10	
Ein Quotient (Bruch) wird logarithmiert, indem man den Logarithmus des Nenners vom Logarithmus des Zählers _____ .	subtrahiert
Der Zehnerlogarithmus 5 ist 0,69897. Der Zehnerlogarithmus 10 ist 1. Somit ist die Differenz von lg 5 und lg 10: lg 0,5 = 0,69897 − 1.	
lg 0,5 = 0,68987 − 1	
Man läßt − 1 stehen. − 1 ist die negative Kennziffer.	
lg 5 = 0,68987 lg 0,5 = 0,68987 − 1 lg 0,05 = 0,68987 − 2	
Für die Logarithmen der Numeri 5, 0,5 und 0,05 gilt dieselbe Ziffernfolge.	
Nur ihre _____ sind ungleich.	Kennziffern
68987 ist die Ziffernfolge, die für die Numeri 5, 0,5 und 0,05 gilt.	
Man sagt: Die Ziffern 6, 8, 9, 8, 7 sind die geltenden Ziffern.	

3c Logarithmieren — Text

Das Aufschlagen des Logarithmus

Wir rufen uns zunächst einige Bezeichnungen ins Gedächtnis zurück.

Die Zahl, die logarithmiert wird, heißt *Numerus*. Da lg 1 = 0 (denn $10^0 = 1$), lg 10 = 1 ($10^1 = 10$), lg 100 = 2 ($10^2 = 100$) ... usw., beginnen die Logarithmen aller Numeri zwischen 1 und 10 mit 0, ..., die Logarithmen aller Numeri zwischen 10 und 100 mit 1, ..., die Logarithmen aller Numeri zwischen 100 und 1000 mit 2, ... usf. Diese vor dem Komma stehende Zahl heißt *Kennzahl* des Zehnerlogarithmus; die Ziffernfolge nach dem Komma *Mantisse*.

Wie sieht es nun mit den Logarithmen von Numeri aus, die kleiner sind als 1? Zum Beispiel lg 0,5. Es ist lg 0,5 = lg $\frac{5}{10}$. Ein Quotient wird logarithmiert, indem man die Logarithmen von Zähler und Nenner voneinander subtrahiert; also lg $\frac{5}{10}$ = lg 5 − lg 10. lg 5 = 0,69897; lg 10 = 1. Somit lg 0,5 = 0,69897 − 1. In diesen Fällen rechnet man den zugehörigen negativen Wert des Logarithmus nicht aus, sondern läßt ihn in dieser Form stehen. Die angehängte negative Zahl heißt *negative Kennziffer*. In unserem Beispiel ist sie − 1; bei lg 0,05 ergibt sich 0,69897 − 2, und lg 0,005 ist analog gleich 0,69897 − 3 ... usf.

Wir sagen: die Zahlen 0,5, 0,05, 0,005, 5, 50, 500 ... usf. haben dieselben *geltenden Ziffern*. Ebenso haben die Zahlen 2301, 230,1, 23,01, 2,301, 0,2301, 0,02301 ... usf. dieselben geltenden Ziffern.

Für alle Zahlen mit denselben geltenden Ziffern haben die zugehörigen Zehnerlogarithmen dieselbe Mantisse.

Auf dieser Tatsache beruht das einfache System der Zehnerlogarithmentafeln: Es sind nur geltende Ziffern der Numeri und Mantissen der Logarithmen angegeben; die Numeri in der ersten Spalte, abgetrennt durch eine senkrechte Linie von den Mantissen, die unter der vierten, in der Kopfleiste stehenden Stellenziffer der Numeri angeordnet sind.

Beim Aufschlagen eines Logarithmus ist nun zunächst die Kennzahl festzustellen. Sie ist bei ganzen Zahlen und unechten Dezimalbrüchen um 1 kleiner als die Anzahl der Stellen vor dem Komma. Die Kennzahl der Logarithmen von 5000, 3756, 1001, 3790,15, 7518,205 ist also in jedem Fall = 3 (Anzahl der Stellen − 1); die von 25, 73,18, 21,003 ist 1.

Bei echten Dezimalbrüchen ist die Kennzahl negativ (siehe oben). Bei lg 0,5 ist die Kennzahl − 1, bei 0,05 ist sie − 2 usf. Sie ist also gleich der negativen Anzahl der Nullen vor der ersten geltenden Ziffer.

3c Logarithmieren — Text

Beispiele:

lg 0,00231. Kennziffer ist = − 3.

Unten finden wir in der linken Spalte die Ziffernfolge 231 des Numerus. In der nebenstehenden Spalte finden wir die Mantisse 36361. Also ist lg 0,00231 = 0,36361 − 3.

lg 2354,4. Kennziffer ist 3.

Unten finden wir zur Ziffernfolge 2354 des Numerus die Mantisse 37181 und für 2355 die Mantisse 37199. Zwischen beiden liegt die gesuchte, denn sie ist um 0,4 der Differenz dieser beiden Mantissen größer als die kleinere der beiden. Die Differenz beträgt 19. 0,4 · 19 = 7,6, aufgerundet 8. Die Mantisse zu 23544 ist somit 37181 + 8 = 37189. Also ist lg 2354,4 = 3,37189.

Zum Üben dieses sog. *Interpolierens* noch ein Beispiel.

lg 0,091567. Kennziffer ist − 2.

Auf Seite 128 finden wir zu 9156 die Mantisse 96171. Die Differenz bis zur nächsten ist 4. 0,7 · 4 = 2,8, aufgerundet 3. Die Mantisse zu 91567 ist also 96171 + 3 = 96174; somit lg 0,091567 = 0,96174 − 2.

	0	1	2	3	4	5	6	7	8	9
231	36361	36380	36399	36418	36436	36455	36474	36493	36511	36530
232	36549	36568	36586	36605	36624	36642	36661	36680	36698	36717
233	36736	36756	36773	36791	36810	36829	36847	36866	36884	36903
234	36922	36940	36959	36977	36996	37014	37033	37051	37070	37088
235	37107	37125	37144	37162	37181	37199	37218	37236	37254	37273
236	37291	37310	37328	37346	37365	37383	37401	37420	37438	37457
237	37475	37493	37511	37530	37548	37566	37585	37603	37621	37639
238	37658	37676	37694	37712	37731	37749	37767	37785	37803	37822
239	37840	37858	37876	37894	37912	37931	37949	37967	37985	38003
240	38021	38039	38057	38075	38093	38112	38130	38148	38166	38184
241	38202	38220	38238	38256	38274	38292	38310	38328	38346	38364
242	38382	38399	38417	38435	38453	38471	38489	38507	38525	38543
243	38561	38578	38596	38614	38632	38650	38668	38686	38703	38721
244	38739	38757	38775	38792	38810	38828	38846	38863	38881	38899
245	38917	38934	38952	38970	38987	39005	39023	39041	39058	39076
246	39094	39111	39129	39146	39164	39182	39199	39217	39235	39252
247	39270	39287	39305	39322	39340	39358	39375	39393	39410	39428
248	39445	39463	39480	39498	39515	39533	39550	39568	39585	39602
249	39620	39637	39655	39672	39690	39707	39724	39742	39759	39777
250	39794	39811	39829	39846	39863	39881	39898	39915	39933	39950

3c Logarithmieren — Text

	0	1	2	3	4	5	6	7	8	9
906	95713	95718	95722	95727	95732	95737	95742	95746	95751	95756
907	95761	95766	95770	95775	95780	95785	95789	95794	95799	95804
908	95809	95813	95818	95823	95828	95832	95837	95842	95847	95852
909	95856	95861	95866	95871	95875	95880	95885	95890	95895	95899
910	95904	95909	95914	95918	95923	95928	95933	95938	95942	95947
911	95952	95957	95961	95966	95971	95976	95980	95985	95990	95995
912	95999	96004	96009	96014	96019	96023	96028	96033	96038	96042
913	96047	96052	96057	96061	96066	96071	96076	96080	96085	96090
914	96095	96099	96104	96109	96114	96118	96123	96128	96133	96137
915	96142	96147	96152	96156	96161	96166	96171	96175	96180	96185
916	96190	96194	96199	96204	96209	96213	96218	96223	96227	96232
917	96237	96242	96246	96251	96256	96261	96265	96270	96275	96280
918	96284	96289	96294	96298	96303	96308	96313	96317	96322	96327
919	96332	96336	96341	96346	96350	96355	96360	96365	96369	96374
920	96379	96384	96388	96393	96398	96402	96407	96412	96417	96421

3c Logarithmieren — Lernkontrolle

Es ist $\lg 10^1 = 1$; $\lg 10^2 = 2$; $\lg 10^3 = 3$; ... allgemein: $\lg 10^n = n$.

$\lg 10^0 = 0$; $\lg \frac{1}{10} = \lg 10^{-1} = -1$; $\lg \frac{1}{100} = \lg 10^{-2}$, ... $\lg 10^{-n} = -n$.

Die dekadischen Logarithmen aller Zahlen von 0 bis 9,999 ... liegen zwischen 0 und 1, von 10 bis 99,999 ... zwischen _____ und _____ . | 1 | 2

Daraus folgt:

Die _____ einer _____ | Logarithmen | einstelligen
Zahl beginnen mit 0, ..., einer zweistelligen mit
_____ , ... usw. | 1

Die _____ eines dekadischen Logarithmus | Kennziffer
ist immer um 1 kleiner als die Anzahl der Stellen vor dem Komma beim Numerus.

Natürlich gilt auch die Umkehrung:

Ist beim Logarithmus die Zahl vor dem Komma eine 0, so ist
der zugehörige _____ einstellig, ist sie eine 1, | Numerus
so ist er _____ usw. | zweistellig

Die ganze Zahl vor dem Komma wird _____ | Kennziffer/Kennzahl
genannt. Sie gibt also an, wie viele _____ der | Stellen
Numerus hat.

4a Bestimmungsgleichungen

4a Bestimmungsgleichungen

$x - 10 = 15$ Das ist eine Gleichung. x ist nicht bekannt. x ist _un_____ . x ist die Unbekannte.	bekannt
$x - 10 = 15$ x ist _____ . Aber x läßt sich bestimmen: $x = 15 + 10$ $x = 25$ $x - 10 = 15$ ist eine Bestimmungsgleichung.	unbekannt.
$x + 10 = 20$ x ist _____ . _____ ist die Unbekannte oder Variable. Die Gleichung hat also eine _U_____ . Sie ist eine _B_____ .	unbekannt. x Unbekannte Bestimmungsgleichung
$9x + 3x - 26 = 3x + 1$ Das ist eine _B_____ . Diese Gleichung hat zwei Seiten. Auf der linken Seite stehen zwei Glieder mit x, auf der rechten _____ steht ein Glied mit x. Zwischen den beiden Seiten der Gleichung steht das Gleichheitszeichen.	Bestimmungsgleichung Seite
$9x + 3x - 26 = 3x + 1$ Das ist eine _B_____ . x ist _____ . Will man x bestimmen, so muß man zuerst alle Glieder mit x auf eine Seite und alle Glieder ohne x auf die andere _____ bringen:	Bestimmungsgleichung unbekannt Seite

4a Bestimmungsgleichungen

$9x + 3x - 3x = 1 + 26$ Man sagt auch: Man muß die Gleichung ordnen.	
$9x - 26 - 2x + 13 = 57$ Das ist eine _B_____. x ist _____. Will man x bestimmen, so muß man zuerst die Gleichung _____ : $9x - 2x = 57 + 26 - 13$ Dann faßt man die Glieder zusammen: $7x = 70$ Jetzt isoliert man x: $x = \frac{70}{7}$ Die Lösung der Gleichung heißt dann: $x = 10$	Bestimmungsgleichung unbekannt ordnen
$x - a + 2b = 2b - x - 3a$ Ordnen Sie bitte diese Gleichung! _____ = _____ Fassen Sie die Glieder auf beiden Seiten der Gleichung zusammen! _____ = _____ Isolieren Sie bitte x! _____ = _____ Die Lösung der Gleichung ist: _____ = _____	$x + x = 2b - 2b - 3a + a$ $2x = -2a$ $x = -\frac{2a}{2}$ $x = -a$
$2x = 16$ Bitte isolieren Sie x! _____ = _____	$x = \frac{16}{2}$

4a Bestimmungsgleichungen

Die Lösung dieser Gleichung ist: ____ = ____	$x = 8$
$2x + 2 + 2x = 10 + 2x$ Bitte ordnen Sie diese Gleichung! _____ = _____	$2x + 2x - 2x = 10 - 2$
$\frac{x}{4} = 3 + 2a$ Bitte isolieren Sie x! ____ = _____	$x = (3 + 2a)\,4$
$11x + 7 + 4x - 9 = 3a - (2a + 3a)$ Bitte fassen Sie die Glieder auf beiden Seiten der Gleichung zusammen! _____ = _____	$15x - 2 = -2a$
$2x - 4 = 8$ Wie heißt die Lösung dieser Gleichung? ____ = ____	$x = 6$
$4x - 56 - 2x + 20 = 2x - 4x - 24$ Das ist eine _B_____ .	Bestimmungsgleichung
x ist die _U_____ .	Unbekannte
Will man x bestimmen, so muß man zuerst die Gleichung _____ :	ordnen
$4x - 2x - 2x + 4x = -24 + 56 - 20$ Dann muß man die Glieder _____ :	zusammenfassen
$4x = 12$ Dann _____ man x:	isoliert
$x = \frac{12}{4}$ Die _____ der Gleichung ist: $x = 3$	Lösung
3 ist der Wert, der für x gefunden wurde. 3 ist der für x gefundene _____ .	Wert

4a Bestimmungsgleichungen

Will man wissen, ob der für x gefundene Wert richtig ist, so macht man die Probe: $4 \cdot 3 - 56 - 2 \cdot 3 + 20 = 2 \cdot 3 - 4 \cdot 3 - 24$ Man hat also den für x gefundenen Wert in die Gleichung eingesetzt. $12 - 56 - 6 + 20 = 6 - 12 - 24$ $ -30 = -30$ Die beiden Seiten der Gleichung sind gleich. $x = 3$ ist also richtig. Man sagt: $x = 3$ erfüllt die Gleichung. Die Probe zeigt also, daß der für x gefundene Wert die _____ erfüllt.	Gleichung
$x + 4x - 24 = 9x - 22 - 3x$ $x = -2$ Will man wissen, ob der für x gefundene Wert die Gleichung erfüllt, so muß man die _____ machen: Man muß den für x gefundenen Wert in die _____ einsetzen.	Probe Gleichung
$x + 4x - 24 = 9x - 22 - 3x$ $x = -2$ Bitte setzen Sie den für x gefundenen Wert in die Gleichung ein! _____ = _____ $-2 - 8 - 24 = -18 - 22 + 6$ $ -34 = -34$ Das ist eine wahre Aussage, denn beide Seiten der Gleichung sind _____ . Die Probe hat also gezeigt, daß der für x gefundene Wert die _____ erfüllt, denn das Ergebnis der _____ ist eine wahre Aussage.	$-2 + 4(-2) - 24 =$ $9(-2) - 22 - 3(-2)$ gleich Gleichung Probe

4a Bestimmungsgleichungen

$-6 = 3$
Ist das eine wahre Aussage?
                          ja
                          nein
Das ist _____ wahre Aussage, denn die beiden
Seiten der Gleichung sind _____ gleich.
$-6 = 3$ ist eine falsche Aussage.
	nein
	keine
	nicht

$x - 3 = 7$ $x = 10$ Will man wissen, ob die Lösung einer Gleichung richtig ist, so macht man die _____ . Dabei _____ man den für x gefundenen Wert in die Gleichung _____ . Ist das Ergebnis der Probe eine wahre Aussage, so _____ der für x gefundene Wert die Gleichung. Die _____ ist also richtig.	Probe setzt ein erfüllt Lösung
$ax^3 + bx^2 - c = 0$ Das ist eine _B_____ . Die Glieder mit x sind _P_____ . x hat die Exponenten ____ und ____ . 3 ist der höchste _____ von x. Man sagt deshalb: Die Gleichung $ax^3 + bx^2 - c = 0$ ist eine Gleichung dritten Grades.	Bestimmungsgleichung Potenzen 3 | 2 Exponent

$ax^2 - b = 0$
Ist das eine Gleichung dritten Grades?
                        ja
                        nein
Das ist _____ Gleichung dritten Grades, denn der höchste Exponent von x ist nicht ____ .
	nein
	keine
	3

4a Bestimmungsgleichungen

$ax^2 - b = 0$ In dieser Gleichung ist der höchste Exponent von x _____ . Diese Gleichung ist also eine Gleichung zweiten Grades. Man sagt auch: Sie ist eine quadratische Gleichung.	2
$x^2 = (x - a)^2 + c^2$ Das ist eine _____ Gleichung. 2 ist der höchste _____ von x. Man sagt auch: $x^2 = (x - a)^2 + c^2$ ist eine Gleichung zweiten _____ .	quadratische Exponent Grades
$x^3 - 3x^2 = 2x - 8$ Das ist eine Gleichung _____ _____ . 3 ist der höchste _____ von x.	dritten Grades Exponent
$2x = 10$ In dieser Gleichung hat x den höchsten Exponenten 1. Diese Gleichung ist also eine Gleichung ersten _____ . Man sagt auch: $2x = 10$ ist eine lineare Gleichung.	Grades

$x^2 + px - q = 0$
Ist das eine lineare Gleichung?
                          ja
                          nein
Das ist keine _____ Gleichung, weil der höchste Exponent von x nicht _____ , sondern 2 ist.
Eine lineare Gleichung ist eine Gleichung, in der x als _____ 1 hat.
	
	nein
	lineare
	1
	
	höchsten Exponenten

4a Bestimmungsgleichungen — Lernkontrolle

Wiederholen Sie auf Seite ↓

1. $x - 7 = 1 - 2x$ Das ist eine Gleichung mit einer _____ .	Unbekannten	132
2. $x - 3 = 7$ Das ist eine _____ _____ .	lineare Bestimmungsgleichung	137 132
3. $x^2 + px - q = 0$ Das ist eine _____ Bestimmungsgleichung.	quadratische	137
4. $x - 26 = 22 - 7x$ Bitte fassen Sie zusammen! _____ = _____	$8x = 48$	133
5. Die _____ zeigt, ob die Lösung einer Gleichung richtig ist.	Probe	135
6. Eine Gleichung bleibt eine wahre Aussage, wenn man ihre beiden _____ mit dem gleichen Faktor multipliziert.	Seiten	132
7. Gleichungen, die x in der zweiten Potenz enthalten, heißen Gleichungen _____ _____ .	zweiten Grades	137
8. Der für x gefundene Wert _____ die Gleichung, wenn das Ergebnis der Probe eine wahre Aussage ist.	erfüllt	135
9. Eine Gleichung, die die Unbekannte in der dritten Potenz enthält, ist eine Gleichung _____ _____ .	dritten Grades	136
10. Bei der Probe _____ man den für x gefundenen Wert in die Gleichung _____ .	setzt ein	135

4a Bestimmungsgleichungen — Hinführung zum Text

„Textgleichungen"

Zu welcher Zahl muß man 8 addieren, um 21 zu erhalten?

$x \longrightarrow$ gesuchte Zahl

$\boxed{x + 8 = 21}$ Gleichung

$x + 8 = 21$
$x + 8 - 8 = 21 - 8$
$\qquad x = 13$

Probe: $x + 8 = 21$
$\qquad 13 + 8 = 21$
$\qquad\quad 21 = 21$

Zu welcher Zahl muß man 8 addieren, wenn man 21 erhalten will?

$x \longrightarrow$ gesuchte Zahl

Für die gesuchte Zahl schreibt man _____ . $\qquad$ x

Man muß zu x 8 _____ , wenn man 21 er- $\qquad$ addieren
halten will.

Man schreibt: $x + 8 = 21$

$\boxed{x + 8 = 21}$ Gleichung

Das ist eine _____ . $\qquad$ Gleichung

Die Frage „Zu welcher Zahl muß man 8 addieren, um 21 zu
erhalten?" kann man also in die _____ ver- $\qquad$ Gleichung
wandeln: $x + 8 = 21$

Hier sind also Worte in Zahlen übersetzt.

Das Übersetzen von Worten im mathematische Zeichen nennt
man Ansetzen einer Gleichung.

4a Bestimmungsgleichungen — Hinführung zum Text

$x + 8 = 21$ Man muß jetzt x bestimmen. Man sagt auch: Man muß x berechnen: $x + 8 - 8 = 21 - 8$ $\quad\quad x = 13$ Die gesuchte Zahl heißt _____ .	13
Beim Ansetzen von Gleichungen werden Worte in <u>Z</u>_____ übersetzt.	Zahlen
Die gesuchte Zahl bezeichnet man meist mit der Variablen ___ .	x
In der Frage „Zu welcher Zahl muß man 8 addieren, um 21 zu erhalten?" hängt die Größe x von den Zahlen 21 und 8 ab.	
Diese Abhängigkeit kann man durch _____ (Gleichungen) ausdrücken: $x + 8 = 21$	Zahlen
Man kann sie aber auch durch _____ (Text) ausdrücken: „Zu welcher Zahl muß man 8 addieren, um 21 zu erhalten?"	Worte

4a Bestimmungsgleichungen — Text

Textgleichungen

Die Abhängigkeit von Zahlen und Größen kann man auch durch Worte (Text) ausdrücken. Das Übersetzen der Worte in die mathematische Zeichensprache nennt man **Ansetzen** oder **Aufstellen** von Gleichungen. Man muß also versuchen, aus den gegebenen Worten eine Zahlengleichung aufzustellen. Die gesuchte Zahl oder das, wonach gefragt wird, bezeichnet man meist mit der Variablen x.

Beim Aufstellen der Gleichung ist darauf zu achten, daß auf beiden Seiten Gleichheit herrscht. Dieser Zweig der Mathematik ist deshalb so wichtig, weil uns Technik und Natur fast nur Aufgaben in Textform stellen, die man immer erst in die mathematische Zeichensprache übersetzen muß.

Beispiel [1]: Zu welcher Zahl muß man 8 addieren, um 21 zu erhalten?

Lösung:

Wir schreiben anstelle der gesuchten Zahl die Variable x.	$x \longrightarrow$ gesuchte Zahl
Addiert man zur gesuchten Zahl x die Zahl 8, so erhält man als Ergebnis 21.	$\boxed{x + 8 = 21}$ Gleichung
Die so entstehende Gleichung wird gelöst, d.h. man berechnet x.	$x + 8 = 21$ $x + 8 - 8 = 21 - 8$
Die gesuchte Zahl heißt 13.	$x = 13$
Die Probe zeigt, ob man x richtig berechnet hat. Man setzt in den Text den errechneten Wert ein und erhält eine wahre Aussage.	Probe: $x + 8 = 21$ $13 + 8 = 21$ $21 = 21$

Beispiel [2]: Von welcher Zahl muß man 5 subtrahieren, um 7 zu erhalten?

Lösung:

Für die gesuchte Zahl schreiben wir die Variable x.	$x \longrightarrow$ gesuchte Zahl
Man soll von einer gesuchten Zahl x die Zahl 5 subtrahieren und erhält als Ergebnis 7.	$\boxed{x - 5 = 7}$ Gleichung

4a Bestimmungsgleichungen — Text

Die so entstehende Gleichung wird gelöst, d. h., man berechnet x.	$x - 5 = 7$ $x - 5 + 5 = 7 + 5$ $x = 7 + 5$
Die gesuchte Zahl heißt 12.	$x = 12$
Führt die Probe zu einer wahren Aussage, so war die Lösung richtig.	Probe: $\quad x - 5 = 7$ $12 - 5 = 7$ $7 = 7$

Beispiel [3]: Der Weg von A über B und C nach D ist 90 km lang. B liegt von C fünfmal soweit entfernt wie B von A. C liegt von D viermal soweit entfernt wie A von B. Wie weit ist A von B entfernt?

Lösung:

Das Beispiel wird zweckmäßig mit einer Überlegungsfigur gelöst. Aus dem Text geht hervor, daß die Entfernung der einzelnen Punkte von der Entfernung der Punkte A und B abhängen.

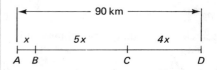

Punkt A ist von Punkt B x km entfernt.	x km $\longrightarrow$ Entfernung $A \ldots B$
$B \ldots C$ ist fünfmal weiter als $A \ldots B$.	$5x$ km $\longrightarrow$ Entfernung $B \ldots C$
$C \ldots D$ ist viermal weiter als $A \ldots B$.	$4x$ km $\longrightarrow$ Entfernung $C \ldots D$
Alle Entfernungen ergeben zusammen 90 km.	x km $+ 5x$ km $+ 4x$ km $= 90$ km
Die Lösung der Gleichung ergibt die Entfernung von $A \ldots B$.	$\boxed{x + 5x + 4x = 90}$ Gleichung $10x = 90$ $\dfrac{\cancel{10}x}{\cancel{10}} = \dfrac{90}{10}$
A ist von B 9 km entfernt.	$x = 9$

4a Bestimmungsgleichungen — Lernkontrolle

Auf einem Bauernhof gibt es Schafe und Hühner. Zusammen haben sie 58 Beine und 22 Köpfe.
Wie groß ist die Anzahl der Schafe und wie groß ist die Anzahl der Hühner?

Das ist eine _Text_____ . In Textgleichungen | gleichung
ist die Abhängigkeit einer mathematischen Größe von einer
anderen durch _____ ausgedrückt. Will man die | Worte
mathematischen Größen berechnen, so muß man durch Übersetzen von Worten in mathematische Zeichen eine Gleichung
_____ . | ansetzen/aufstellen

Bezeichnet man die Anzahl der Schafe mit x, dann ist die Anzahl der Hühner $22 - x$.
Zusammen haben Schafe und Hühner _____ Beine. | 58
Schafe haben _____ Beine und Hühner _____ Beine. | 4 | 2
Dann gilt:
$4x + 2(22 - x) = 58$
Will man x _____ , so löst man zuerst die | berechnen/bestimmen
Klammer:
$4x + 44 - 2x = 58$
Dann _____ man die Gleichung: | ordnet
$4x - 2x = 58 - 44$
Dann _____ man _____ : | faßt | zusammen
$2x = 14$
Dann _____ man x: | isoliert
$x = \frac{14}{2}$
Die _____ der Gleichung ist: | Lösung
$x = 7$
Es gibt auf dem Bauernhof also _____ _____ . | sieben Schafe
Die Anzahl der Hühner beträgt $22 - 7 = 15$.

4a Bestimmungsgleichungen — Lernkontrolle

Will man wissen, ob der für *x* gefundene Wert die Gleichung _____ , so macht man die Probe:	erfüllt
7 Schafe haben 7 · 4 = 28 Beine und 15 Hühner haben 15 · 2 = 30 Beine. Zusammen sind das ____ Beine.	58
Die _____ hat also gezeigt, daß die _____ der Gleichung richtig ist, denn der für *x* gefundene Wert erfüllt die _____ .	Probe | Lösung Gleichung

4b Funktionsgleichungen

4b Funktionsgleichungen

$y = 2x + 1$ Das ist eine Gleichung mit _____ Variablen. x ist eine _____ . Das heißt: Man kann für x eine beliebige Zahl einsetzen, z. B.: $x = +1$ $x = -3$ $x = 0$ $x = +5$ Man kann also x beliebig verändern. Man sagt auch: x ist beliebig veränderlich.	zwei Variable
$y = 2x + 1$ Verändert man x, dann verändert sich auch y: Wenn z. B. $x = +1$ ist, dann ist $y =$ _____ . Ist $x = -3$, dann ist $y =$ _____ . x und y sind also _____ .	$+3$ -5 veränderlich
Setzt man in die Gleichung $y = 2x + 1$ für x den Wert $+2$ ein, dann ist $y =$ _____ . x bestimmt also den Wert von y. _____ wird durch _____ bestimmt. Man sagt: y ist von x abhängig.	$+5$ $y\,\|\,x$
x ist beliebig veränderlich. y ist _____ beliebig veränderlich, denn y ist von x abhängig. y ist also abhängig veränderlich.	nicht
Ist x abhängig veränderlich? ja nein	nein

4b Funktionsgleichungen

Warum nicht?	
y ist von x _____, nicht aber x von y.	abhängig
x ist also von y nicht abhängig.	
x ist von y _un_____ .	abhängig
x ist also unabhängig _____ .	veränderlich
y ist von x _____ .	abhängig
Man schreibt:	
$y = f(x)$	
Man sagt:	
y ist eine Funktion von x.	
Man liest:	
„y gleich Funktion von x"	
$y = 2x + 1$	
In dieser Gleichung ist y eine _____ von x.	Funktion
$y = 2x + 1$ ist eine Funktionsgleichung.	
$x - 9 = 1$	
Ist das eine Funktionsgleichung?	
ja	
nein	nein
Warum nicht?	
Die Gleichung $x - 9 = 1$ hat nur _____ Variable, die Variable x.	eine
$x - 9 = 1$ ist also eine _B_____ .	Bestimmungsgleichung

4b Funktionsgleichungen

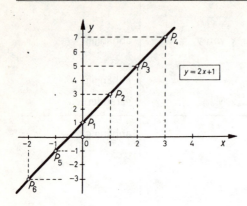

Das ist das Bild der Funktion $y = 2x + 1$.

Man sagt auch:

Das ist der Graph der _____ $y = 2x + 1$. | Funktion

Man kann also das Bild einer Funktion zeichnen.

Man sagt auch:
Man kann eine Funktion graphisch darstellen.

Eine Funktion läßt sich also graphisch _____ . | darstellen

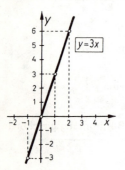

Das ist der _G_____ der Funktion $y = 3x$. | Graph

Man sagt auch:
Das ist die graphische Darstellung der Funktion $y = 3x$.

Eine Funktion kann also _g_____ dargestellt werden. | graphisch

4b Funktionsgleichungen

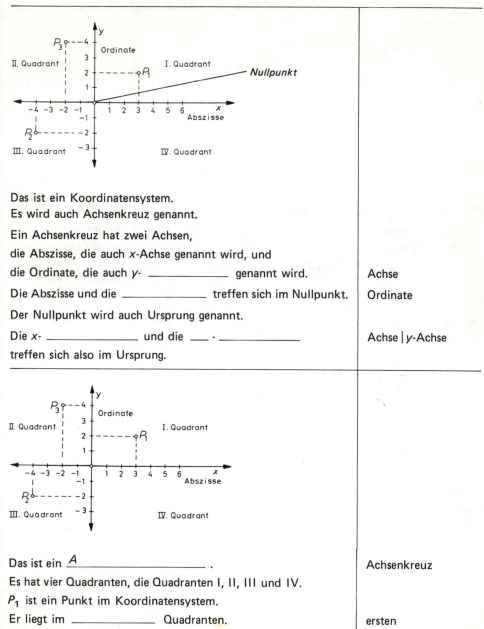

Das ist ein Koordinatensystem.
Es wird auch Achsenkreuz genannt.

Ein Achsenkreuz hat zwei Achsen,
die Abszisse, die auch x-Achse genannt wird, und
die Ordinate, die auch y- _____ genannt wird.   Achse

Die Abszisse und die _____ treffen sich im Nullpunkt.   Ordinate

Der Nullpunkt wird auch Ursprung genannt.

Die x- _____ und die ___ - _____   Achse | y-Achse

treffen sich also im Ursprung.

Das ist ein A_____ .   Achsenkreuz

Es hat vier Quadranten, die Quadranten I, II, III und IV.

P_1 ist ein Punkt im Koordinatensystem.

Er liegt im _____ Quadranten.   ersten

4b Funktionsgleichungen

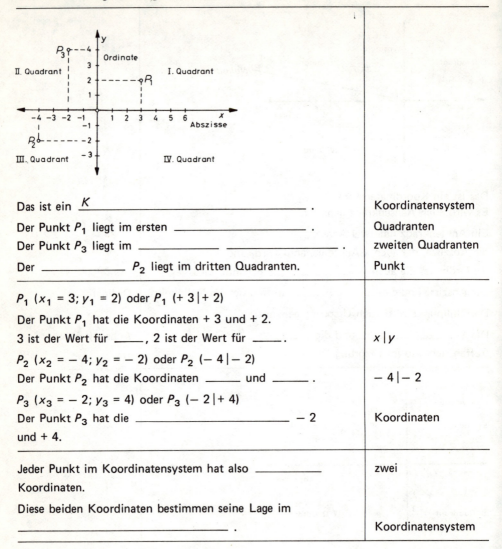

Das ist ein K_____ .	Koordinatensystem
Der Punkt P_1 liegt im ersten _____ .	Quadranten
Der Punkt P_3 liegt im _____ .	zweiten Quadranten
Der _____ P_2 liegt im dritten Quadranten.	Punkt
P_1 ($x_1 = 3$; $y_1 = 2$) oder P_1 (+ 3 | + 2) Der Punkt P_1 hat die Koordinaten + 3 und + 2. 3 ist der Wert für ____, 2 ist der Wert für ____.	$x \| y$
P_2 ($x_2 = -4$; $y_2 = -2$) oder P_2 (− 4 | − 2) Der Punkt P_2 hat die Koordinaten ____ und ____.	− 4 | − 2
P_3 ($x_3 = -2$; $y_3 = 4$) oder P_3 (− 2 | + 4) Der Punkt P_3 hat die _____ − 2 und + 4.	Koordinaten
Jeder Punkt im Koordinatensystem hat also _____ Koordinaten.	zwei
Diese beiden Koordinaten bestimmen seine Lage im _____ .	Koordinatensystem

4b Funktionsgleichungen

$P_1\,(+3\,|\,+2)$	
Der Punkt P_1 hat die _____ +3 und +2.	Koordinaten
+3 ist die x-Koordinate und	
+2 ist die _____ .	y-Koordinate
Die _____ eines Punktes geben seine	Koordinaten
Lage im Koordinatensystem an.	
Für jeden Punkt im _____ braucht	Koordinatensystem
man also zwei Werte: den Wert der x-Koordinate und den	
Wert der _____ .	y-Koordinate
Für jeden Punkt braucht man also ein Wertepaar.	
Die Wertepaare sind die _____ eines	Koordinaten
Punktes.	
$y = 2x + 1$	
Bei einer Funktion gibt es für jeden beliebigen Wert für x	
einen bestimmten Wert für _____ .	y
Wenn z. B. $x = -3$ ist, dann ist $y = -5$.	
Wenn z. B. $x = -2$ ist, dann ist $y = $ _____ .	-3
Diese Wertepaare kann man in eine Tabelle eintragen:	

x	-3	-2	-1	0	$+1$	$+2$
y	-5	-3	-1	$+1$	$+3$	$+5$

Diese Tabelle nennt man Wertetabelle.

$y = 3x$

x	-1	0	$+1$	$+2$
y	-3	0	$+3$	$+6$

Das ist die _____ der Funktion	Wertetabelle
$y = 3x$.	

4b Funktionsgleichungen

Für $x = -1$ ist der zugehörige Wert von y -3.	
Für $x = 0$ ist der zugehörige Wert von y _____.	0
Für $x = +1$ ist der zugehörige _____ von y $+3$.	Wert
Für $x = +2$ ist der _____ Wert von y $+6$.	zugehörige
Zu jedem beliebigen Wert von x gehört also ein bestimmter Wert von _____.	y

$y = 2x - 2$

x	0	+1	+2	+3
y	−2	0	+2	+4

Das ist die _____ der Funktion $y = 2x - 2$.	Wertetabelle
Zum x-Wert 0 gehört der y-Wert _____.	−2
Der zugehörige y-Wert zum x-Wert 1 ist _____.	0
+2 ist der _____ y-Wert zum x-Wert +2.	zugehörige
Für $x = +3$ ist der _____ _____ +4.	zugehörige y-Wert

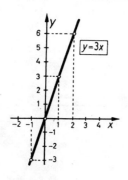

Das ist der Graph der _____ $y = 3x$. Er ist eine Kurve.	Funktion

4b Funktionsgleichungen

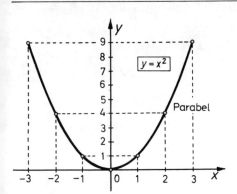

Das ist eine Kurve.
Sie ist der ─────── der Funktion $y = x^2$.   Graph
Der Graph der Funktion $y = x^2$ ist also eine ───────.   Kurve

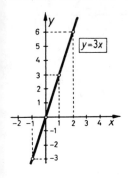

Der Graph der Funktion $y = 3x$ ist eine ───────.   Kurve
Diese Kurve heißt Gerade.
Der Graph der Funktion $y = 3x$ ist also eine
G─────── .   Gerade

4b Funktionsgleichungen

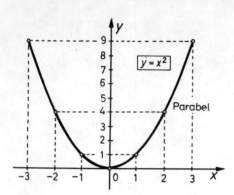

Der Graph der Funktion $y = x^2$ ist eine _____ . Diese Kurve heißt Parabel.	Kurve
Diese Parabel geht durch den Nullpunkt. Ihre Äste liegen im ersten und zweiten Quadranten.	

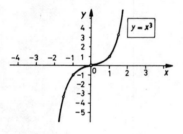

Der Graph der Funktion $y = x^3$ ist auch eine _P_____ .	Parabel
Der _____ von x ist eine positive ungerade Zahl.	Exponent
Die Graphen von Funktionen mit ungeraden positiven Exponenten von x nennt man Wendeparabeln.	

4b Funktionsgleichungen

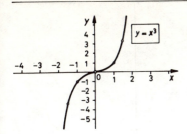

Das ist eine _W_____ .
Die Äste der Wendeparabel liegen im _____ und _____
Quadranten. Die _____ geht durch
den Nullpunkt.
Der Nullpunkt ist hier der Wendepunkt der Parabel.

Wendeparabel
I. | III.
Wendeparabel

$y = x^3 + 1$
Der Graph dieser Funktion ist eine _____ .
Ihre Äste liegen im I., II. und III. _____ .
Sie verläuft nicht durch den Nullpunkt.
Ihr Wendepunkt hat die Koordinaten $(0 | +1)$.
Heißt die Funktion $y = x^3 - 1$, so hat der Wendepunkt der
Parabel die Koordinaten (___ | _____).

Wendeparabel
Quadranten

0 | −1

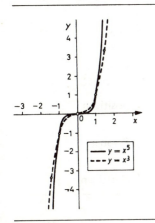

Allgemein ist der Graph der Funktion $y = x^{2n+1}$ eine
_W_____ .
Sie geht durch den Nullpunkt.
Der Nullpunkt ist auch ihr
_W_____ .

Wendeparabel

Wendepunkt

4b Funktionsgleichungen

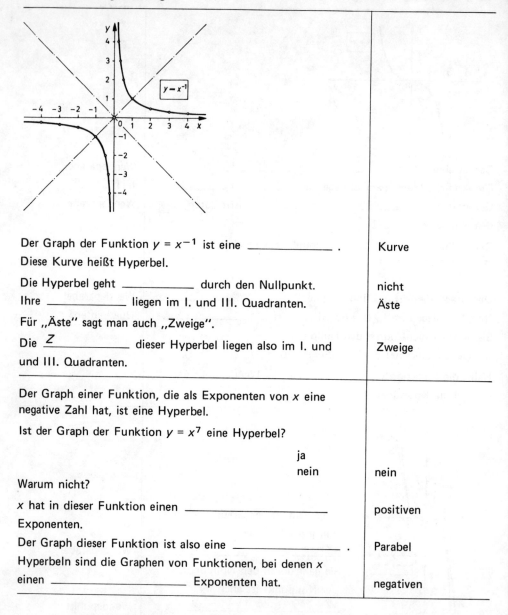

Der Graph der Funktion $y = x^{-1}$ ist eine _____ . Diese Kurve heißt Hyperbel.	Kurve
Die Hyperbel geht _____ durch den Nullpunkt.	nicht
Ihre _____ liegen im I. und III. Quadranten.	Äste
Für „Äste" sagt man auch „Zweige".	
Die _Z_____ dieser Hyperbel liegen also im I. und und III. Quadranten.	Zweige
Der Graph einer Funktion, die als Exponenten von x eine negative Zahl hat, ist eine Hyperbel.	
Ist der Graph der Funktion $y = x^7$ eine Hyperbel? ja nein	nein
Warum nicht?	
x hat in dieser Funktion einen _____ Exponenten.	positiven
Der Graph dieser Funktion ist also eine _____ .	Parabel
Hyperbeln sind die Graphen von Funktionen, bei denen x einen _____ Exponenten hat.	negativen

4b Funktionsgleichungen

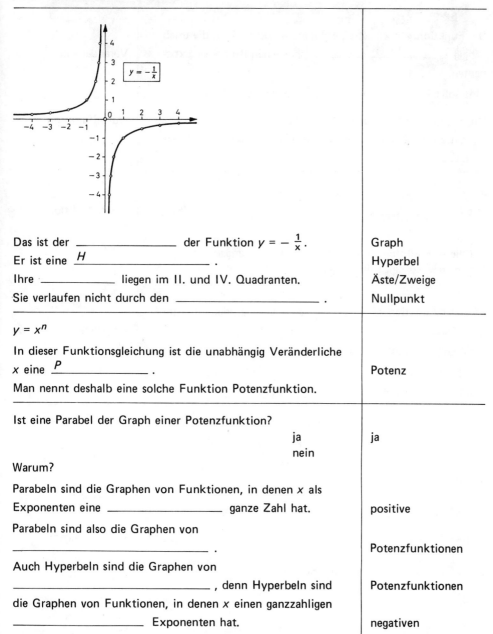

Das ist der _____ der Funktion $y = -\frac{1}{x}$.	Graph
Er ist eine _H_____ .	Hyperbel
Ihre _____ liegen im II. und IV. Quadranten.	Äste/Zweige
Sie verlaufen nicht durch den _____ .	Nullpunkt

$y = x^n$

In dieser Funktionsgleichung ist die unabhängig Veränderliche x eine _P_____ .	Potenz
Man nennt deshalb eine solche Funktion Potenzfunktion.	

Ist eine Parabel der Graph einer Potenzfunktion? ja / nein	ja
Warum?	
Parabeln sind die Graphen von Funktionen, in denen x als Exponenten eine _____ ganze Zahl hat.	positive
Parabeln sind also die Graphen von _____ .	Potenzfunktionen
Auch Hyperbeln sind die Graphen von _____ , denn Hyperbeln sind die Graphen von Funktionen, in denen x einen ganzzahligen _____ Exponenten hat.	Potenzfunktionen negativen

4b Funktionsgleichungen

Die Funktion $y = x^{\frac{m}{n}}$ ist eine Potenzfunktion, denn die unabhängig _____ hat einen Bruch als Exponenten.	Veränderliche
Eine solche Funktion nennt man auch Wurzelfunktion. Die Funktion $y = x^{\frac{m}{n}}$ ist also eine W_____.	Wurzelfunktion
Sie hat als Exponenten der unabhängig Veränderlichen einen _____ .	Bruch
$y = x^2$ Das ist eine _____ .	Potenzfunktion
$x = y^2$ Bei dieser Funktion sind die Veränderlichen umgekehrt. Isoliert man x, so heißt die Gleichung: $y =$ _____	$\pm \sqrt{x}$
In dieser Funktion sind also die Veränderlichen der Funktion $y = x^2$ _____ .	umgekehrt
Man nennt sie deshalb Umkehrfunktion. $y = \pm \sqrt{x}$ ist also die _____ zur Stammfunktion $y = x^2$.	Umkehrfunktion
Vertauscht man also bei einer Potenzfunktion die Veränderlichen und isoliert man in dieser Gleichung y, so erhält man die _____ :	Umkehrfunktion
$y = x^n$ $y = \sqrt[n]{x} = x^{\frac{1}{n}}$ Man erhält auf diese Weise eine W_____ .	Wurzelfunktion
$y = x^{\frac{1}{n}}$ ist also die Umkehrfunktion zur Stammfunktion _____ .	$y = x^n$

4b Funktionsgleichungen

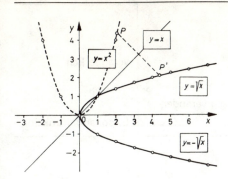

In diesem Koordinatensystem sehen Sie zwei _____. | Parabeln
Diese Parabeln sind die Graphen der
_____ $y = \pm \sqrt{x}$ und der | Umkehrfunktion
Stammfunktion _____ . | $y = x^2$

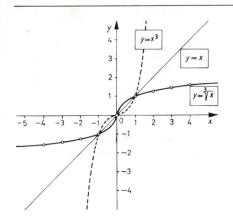

In diesem Koordinatensystem sehen Sie zwei
W_____ . | Wendeparabeln
Diese Wendeparabeln sind die Graphen der
_____ $y = +\sqrt[3]{x}$ und der | Umkehrfunktion
_____ $y = x^3$. | Stammfunktion

4b Funktionsgleichungen

$y = a^x$

In dieser Funktion ist der Exponent unabhängig
_____ . | veränderlich

Eine solche Funktion nennt man Exponentialfunktion.
Ist also in einer Funktion der Exponent unabhängig veränderlich, so spricht man von einer E_____ . | Exponentialfunktion

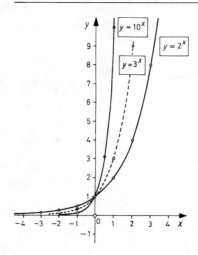

In diesem Koordinatensystem sehen Sie drei _____ . | Kurven
Diese Kurven sind die Graphen der _____ - | Exponential-
_____ $y = 10^x$, $y = 3^x$ und $y = 2^x$. | funktionen
Man nennt diese Kurven Exponentialkurven.
Die Exponentialkurve der Funktion $y = 10^x$ liegt im _____ | I.
und _____ Quadranten. | II.
Auch die E_____ der Funktion | Exponentialkurve
$y = 3^x$ verläuft im I. und II. Quadranten.

4b Funktionsgleichungen

Die Exponentialkurven kommen im II. Quadranten der negativen x-Achse immer näher, aber sie berühren die x-Achse nie.

Man sagt:
Sie nähern sich asymptotisch der negativen x-Achse.

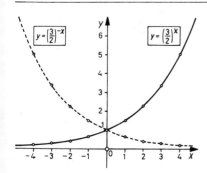

Das sind die Graphen der E_____ .   Exponentialfunktionen

$y = \left(\frac{3}{2}\right)^{-x}$ und $y = \left(\frac{3}{2}\right)^{x}$.

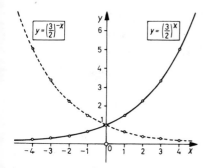

Die Exponentialkurve der Funktion $y = \left(\frac{3}{2}\right)^{x}$ verläuft im
_____ und _____ Quadranten. Sie nähert sich asymptotisch   I. | II.
der _____ ____-_____ .   negativen x Achse

Man sagt:
Die negative x-Achse ist ihre Asymptote.

4b Funktionsgleichungen

Die E_____ der Funktion	Exponentialkurve
$y = \left(\frac{3}{2}\right)^{-x}$ verläuft im I. und II. Quadranten.	
Sie nähert sich asymptotisch der _____	positiven
_____ .	x-Achse
Die positive x-Achse ist also ihre _____ .	Asymptote

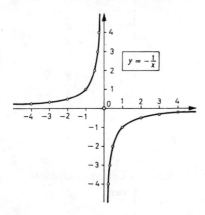

Der Graph der Funktion $y = -\frac{1}{x}$ ist eine H_____ .	Hyperbel
Ihre _____ verlaufen im II. und IV. Quadranten.	Äste/Zweige
Sie nähern sich _____ den Achsen.	asymptotisch
Die Achsen sind also die _____	Asymptoten
der Hyperbel.	

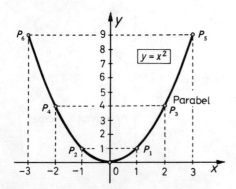

4b Funktionsgleichungen

Der Graph der Funktion $y = x^2$ ist eine _P_____.	Parabel
Sie geht durch den _____ .	Nullpunkt/Ursprung
Ihre _____ verlaufen im I. und II. Quadranten.	Äste/Zweige
Der Punkt P_1 hat die Koordinaten (____ | ____).	$+1 \| +1$
Der Punkt P_2 hat die _____ $(-1 \| +1)$.	Koordinaten
Die Punkte P_1 und P_2 sind von der y-Achse gleich weit entfernt. Man sagt: Sie haben den gleichen Abstand von der y-Achse.	
Haben P_3 und P_4 den gleichen Abstand von der y-Achse? ja nein	ja
P_3 hat die Koordinaten (____ | ____)	$+2 \| +4$
P_4 hat die Koordinaten (____ | ____)	$-2 \| +4$
P_3 und P_4 haben also den gleichen Abstand von der _____ .	y-Achse
Alle Punkte auf dem Ast der Parabel im I. Quadranten haben den gleichen Abstand von der y-Achse wie die zugehörigen Punkte auf dem Ast im _____ Quadranten.	II.
Die y-Achse ist also die Symmetrieachse für die beiden Äste dieser Parabel.	

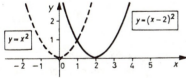

Die y-Achse ist die Symmetrieachse für den Graphen der Funktion $y = x^2$.

Die y-Achse ist nicht die Symmetrieachse des Graphen der Funktion $y = (x-2)^2$.

4b Funktionsgleichungen

M

Durch den Buchstaben **M** ist die Symmetrieachse gezeichnet.
Sie teilt den Buchstaben **M** in zwei gleiche Teile.
Man sagt:
Der Buchstabe **M** ist symmetrisch.

A

Durch den Buchstaben **A** ist eine _Symmetrie_____ achse
gezeichnet.
Der Buchstabe **A** ist _S_____ . symmetrisch

$y = x^2$, Parabel

Auch der Graph der Funktion $y = x^2$ ist _____ . symmetrisch
Die y-Achse ist seine _S_____ . Symmetrieachse
Eine Parabel ist also eine symmetrische _K_____ . Kurve

4b Funktionsgleichungen

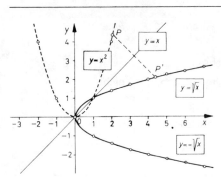

Der Graph der Funktion $y = x^2$ ist S_____ . symmetrisch
Die _____ ist seine Symmetrieachse. y-Achse
Der Graph der U_____ $y = \pm \sqrt{x}$ Umkehrfunktion
ist eine Parabel.
Diese Parabel ist eine _____ Kurve. symmetrische
Die _____ ist ihre Symmetrieachse. x-Achse
Man sagt:
Die Parabel verläuft achsensymmetrisch zur x-Achse.
Der Graph der Funktion $y = x^2$ verläuft achsensymmetrisch
zur _____ . y-Achse

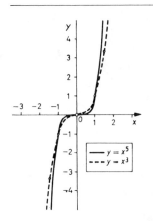

Der Graph der Funktion
$y = x^3$ ist eine
W_____ . Wendeparabel

4b Funktionsgleichungen

Ihre _____ verlaufen im I. und III. Quadranten.	Äste
Diese Äste verlaufen symmetrisch.	
Die y-Achse ist _____ die Symmetrieachse.	nicht
Die Äste verlaufen also _____ achsensymmetrisch, sondern punktsymmetrisch zum Nullpunkt.	nicht
Auch die Äste des Graphen der Funktion $y = x^5$ verlaufen nicht achsensymmetrisch, sondern _____ zum Nullpunkt.	punktsymmetrisch

4b Funktionsgleichungen — Lernkontrolle

Wiederholen Sie auf Seite ↓

1. In einer Funktionsgleichung ist die Variable x die _____ Veränderliche, die Variable y ist die _____ Veränderliche.	unabhängig abhängig	147 146
2. Ist eine mathematische Größe von einer anderen abhängig, so spricht man von einer _____ .	Funktion	147
3. Der Graph einer linearen Funktion heißt _____ .	Gerade	153
4. Der Graph einer Potenzfunktion mit negativem Exponenten ist eine _____ .	Hyperbel	156
5. Der Graph der Funktion $y = x^3$ heißt _____ . Ihr Wendepunkt ist der _____ .	Wendeparabel Nullpunkt	154 149
6. Die _____ einer Wendeparabel verlaufen im I. und III. Quadranten.	Äste/Zweige	154/ 156
7. Die Umkehrfunktion der Stammfunktion $y = x^2$ ist eine _____ .	Wurzelfunktion	158
8. Der Graph einer Exponentialfunktion heißt _____ .	Exponentialkurve	160
9. Der Graph der Funktion $y = x^2$ ist _____ . Die y-Achse ist die _____ .	achsensymmetrisch Symmetrieachse	165 163
10. Die Äste einer Wendeparabel verlaufen _____ zum Nullpunkt.	punktsymmetrisch	166

4b Funktionsgleichungen — Hinführung zum Text

Graphische Darstellung und Lösung von Gleichungen

Sehen Sie sich bitte zuerst die unterstrichenen Teile des folgenden Textes an. Arbeiten Sie dann den unten stehenden Text durch!

Bestimmungs- und Funktionsgleichungen

In der elementaren Mathematik benutzt man die Buchstaben x, y und z zur Darstellung unbekannter Größen. Eine Gleichung, mit deren Hilfe man die Größe von x bestimmt, heißt *„Bestimmungsgleichung"*. Z. B. erhält man aus $\underline{7(x + 2) = 5(3x - 2)}$ für x nur den Wert $x = 3$. Alle anderen Zahlen von x „erfüllen" oder „befriedigen" die Gleichung nicht.

Allgemein gibt es nur einen richtigen Wert von x; nur bei Gleichungen zweiten oder höheren Grades gibt es zwei oder mehrere Lösungen, „Wurzeln" genannt.

Zur Ermittlung zweier Unbekannten x und y braucht man zwei Gleichungen, z. B.

$\underline{6x + 3y = 33}$

$\underline{7x - 3y = 6}$

Nur eine dieser Gleichungen allein ist zur Bestimmung der Unbekannten nicht brauchbar. Für sie allein sind beliebige Werte von x möglich, wenn man gleichzeitig auch den zugehörigen Wert von y einsetzt — z. B. für die zweite Gleichung nicht nur $x = 3$ und $y = 5$, sondern auch $x = 6$ und $y = 12$, ferner $x = 0$ und $y = -2$ usw.

Damit haben sowohl die Buchstaben x und y wie auch die Gleichung ihre Wesensart grundlegend geändert. Die Größen x und y sind *„Veränderliche"* geworden. Sie stehen miteinander in einem bestimmten, durch die Gleichung festgelegten, gesetzmäßigen Zusammenhang. **Einen solchen Zusammenhang zwischen zwei veränderlichen Größen nennt man Funktion.** Somit bezeichnet man auch die Gleichung $\underline{7x - 3y = 6}$ als *„Funktionsgleichung"*. Meist löst man nach y auf und erhält die *„Normalform"* $y = \frac{7}{3}x - 2$.

4b Funktionsgleichungen — Hinführung zum Text

Man nennt *x* die Unabhängige oder willkürlich Veränderliche und *y* die abhängige Veränderliche und sagt, *y* sei eine Funktion von *x*. Daß eine Funktionsgleichung mit den Veränderlichen *x* und *y* existiert, bringt man mit der Schreibweise $y = f(x)$ zum Ausdruck; gelesen „*y* gleich *f* von *x*" oder „*Funktion* von *x*". Darin ist also *f* kein Faktor, sondern eine symbolische Bezeichnung wie lg oder tan.	
Die Untersuchung von Funktionen ist deshalb eine so wichtige Aufgabe der Mathematik, weil man mit Funktionen Vorgänge und Zustandsänderungen aller Art beschreiben und zahlenmäßig erfassen kann.	
Die Darstellung solcher Funktionen ist auf drei Arten möglich:	
1. durch eine Funktionsgleichung — diese aber nur bei einfachen Funktionen;	
2. durch eine Tabelle der Wertepaare *x* und *y*. Diese braucht man auch für die dritte Art;	
3. durch Aufzeichnung der *Funktionskurve* in einem Koordinatensystem mit *x*- und *y*-Achse.	
Die Gleichung $7(x + 2) = 5(3x - 2)$ ist eine _____ .	Bestimmungsgleichung
$6x + 3y = 33$ $7x - 3y = 6$ Das sind zwei Gleichungen mit zwei __U_____ .	Unbekannten
Will man die beiden Unbekannten bestimmen, so braucht man _____ Gleichungen.	zwei
Eine Gleichung allein ist zur Bestimmung der beiden Unbekannten _____ brauchbar.	nicht
Zur Bestimmung von zwei Unbekannten braucht man also _____ .	zwei Gleichungen

4b Funktionsgleichungen — Hinführung zum Text

Setzt man in eine der Gleichungen für x einen beliebigen Wert ein, dann erhält man für y einen _____ Wert. x und y sind dann V_____ .	bestimmten Veränderliche
Die Gleichung 7x − 3y = 6 ist eine _____ . Isoliert man y, erhält man die Normalform _____ . Man schreibt: y = f(x) oder: y ist eine _____ _____ .	Funktionsgleichung $y = \frac{7}{3}x - 2$ Funktion von x
Es gibt _____ Möglichkeiten, Funktionen darzustellen: 1. durch eine _____ , 2. durch eine W_____ und 3. durch eine K_____ .	drei Funktionsgleichung Wertetabelle Kurve

4b Funktionsgleichungen — Text

Graphische Darstellung und Lösung von Gleichungen

Bestimmungs- und Funktionsgleichungen

In der elementaren Mathematik benutzt man die Buchstaben x, y und z zur Darstellung unbekannter Größen. Eine Gleichung, mit deren Hilfe man die Größe von x bestimmt, heißt *„Bestimmungsgleichung"*. Z. B. erhält man aus $7(x+2) = 5(3x-2)$ für x nur den Wert $x = 3$. Alle anderen Zahlen von x „erfüllen" oder „befriedigen" die Gleichung nicht.

Allgemein gibt es nur einen richtigen Wert von x; nur bei Gleichungen zweiten oder höheren Grades gibt es zwei oder mehrere Lösungen, „Wurzeln" genannt.

Zur Ermittlung zweier Unbekannten x und y braucht man zwei Gleichungen, z. B.

$6x + 3y = 33$
$7x - 3y = 6$

Nur eine dieser Gleichungen allein ist zur Bestimmung der Unbekannten nicht brauchbar. Für sie allein sind beliebige Werte von x möglich, wenn man gleichzeitig auch den zugehörigen Wert von y einsetzt — z. B. für die zweite Gleichung nicht nur $x = 3$ und $y = 5$, sondern auch $x = 6$ und $y = 12$, ferner $x = 0$ und $y = -2$ usw.

Damit haben sowohl die Buchstaben x und y wie auch die Gleichung ihre Wesensart grundlegend geändert. Die Größen x und y sind *„Veränderliche"* geworden. Sie stehen miteinander in einem bestimmten, durch die Gleichung festgelegten, gesetzmäßigen Zusammenhang. **Einen solchen Zusammenhang zwischen zwei veränderlichen Größen nennt man Funktion.** Somit bezeichnet man auch die Gleichung $7x - 3y = 6$ als *„Funktionsgleichung"*. Meist löst man nach y auf und erhält die *„Normalform"* $y = \frac{7}{3}x - 2$.

Man nennt x die Unabhängige oder willkürlich Veränderliche und y die abhängige Veränderliche und sagt, y sei eine Funktion von x. Daß eine Funktionsgleichung mit den Veränderlichen x und y existiert, bringt man mit der Schreibweise $y = f(x)$ zum Ausdruck; gelesen „y gleich f von x" oder *„Funktion* von x". Darin ist also f kein Faktor, sondern eine symbolische Bezeichnung wie lg oder tan.

Die Untersuchung von Funktionen ist deshalb eine so wichtige Aufgabe der Mathematik, weil man mit Funktionen Vorgänge und Zustandsänderungen aller Art beschreiben und zahlenmäßig erfassen kann.

4b Funktionsgleichungen — Text

Die Darstellung solcher Funktionen ist auf drei Arten möglich:

1. durch eine Funktionsgleichung — diese aber nur bei einfachen Funktionen;
2. durch eine Tabelle der Wertepaare x und y. Diese braucht man auch für die dritte Art;
3. durch Aufzeichnung der *Funktionskurve* in einem Koordinatensystem mit x- und y-Achse.

4b Funktionsgleichungen – Übungen

Übung 1

Ergänzen Sie bitte den bestimmten Artikel!

Beispiel: Der Graph _der_ Funktion $y = x^2$ ist eine Parabel.

1. Das Bild _____ Funktion $y = 2x + 1$ ist eine Gerade. — der
2. Die Umkehrfunktion _____ Stammfunktion $y = x^2$ heißt $y = \pm\sqrt{x}$. — der
3. Der Kehrwert _____ Bruches $\frac{5}{6}$ ist $\frac{6}{5}$. — des
4. Die Koordinaten x_1 und y_1 geben den Abstand _____ Punktes P_1 von den Achsen _____ Koordinatensystems an. — des / des
5. Gleichnamige Wurzeln werden multipliziert, indem man die Wurzeln aus dem Produkt _____ Radikanden zieht. — der
6. Der Logarithmus eines Quotienten ist gleich der Differenz _____ Logarithmen von Zähler und Nenner. — der

Übung 2

Ergänzen Sie bitte den unbestimmten Artikel!

Beispiel: Die Glieder _einer_ Addition heißen Summanden.

1. Beim Auflösen _____ Klammer, vor der ein Minuszeichen steht, müssen die Rechenzeichen in der Klammer umgekehrt werden. — einer
2. Ist die Lösung _____ Gleichung richtig, so ist das Ergebnis eine wahre Aussage. — einer
3. Die Lage _____ Punktes im Koordinatensystem ist durch zwei Werte bestimmt. — eines
4. Der Wert _____ Bruches ändert sich beim Erweitern nicht. — eines
5. Verändert man eine Seite _____ Gleichung, so muß man auch die andere in gleicher Weise verändern. — einer

4b Funktionsgleichungen — Übungen

Übung 3

Bitte ergänzen Sie!

Beispiel: Die Graphen _von_ Funktionsgleichungen ersten Grades sind Geraden.

1. Die Äste _____ Hyperbeln der Form $y = ax^{-2n}$ verlaufen im I. und II. Quadranten. | von

2. Beim Auflösen _____ Klammern, vor denen ein Minuszeichen steht, müssen die Rechenzeichen in der Klammer umgekehrt werden. | von

3. Die Äste _____ Parabeln der Form $y = ax^{2n}$ verlaufen im I. und II. Quadranten. | von

4. Beim Kürzen _____ Brüchen ändert sich ihr Wert nicht. | von

5. Beim Aufstellen _____ Gleichungen ist darauf zu achten, daß auf beiden Seiten der Gleichung Gleichheit herrscht. | von

Übung 4

Bitte ergänzen Sie: der, des, eines, einer, von

1. Die Ziffernfolge hinter dem Komma _____ Logarithmus heißt Mantisse. | eines

2. Die graphische Darstellung _____ Funktion ersten Grades ist eine Gerade. | einer

3. Die Äste _____ Hyperbeln verlaufen asymptotisch zu den Achsen _____ Koordinatensystems. | von / eines

4. Die Äste _____ Parabel $y = x^2$ liegen im I. und II. Quadranten. | der

5. Die Kennzahl _____ dekadischen Logarithmus von 5 ist 0. | des

6. Ein Produkt wird logarithmiert, indem man die Logarithmen _____ Faktoren addiert. | der

4b Funktionsgleichungen — Übungen

7. Das Übersetzen _____ Worte einer Textgleichung in die mathematische Zeichensprache nennt man Aufstellen von Gleichungen. | der

8. Die Graphen _____ Potenzfunktionen mit positiven ganzzahligen Exponenten sind Parabeln. | von

9. Haben mehrere Glieder _____ Summe einen gemeinsamen Faktor, so kann man diesen ausklammern. | einer

10. Ist die Kennzahl _____ dekadischen Logarithmus 2, so ist sein Numerus dreistellig. | eines

11. Die graphische Darstellung _____ Funktion $y = x^{-3}$ ist eine Hyperbel. | der

12. Die Kennziffer _____ Zehnerlogarithmus 5 ist 0. | des

13. Zur graphischen Darstellung _____ Funktionen benutzt man ein Koordinatensystem. | von

14. Man darf beide Seiten _____ Gleichung vertauschen. | einer

15. Der Schnittpunkt _____ beiden Achsen _____ Achsenkreuzes heißt Ursprung. | der | eines

4b Funktionsgleichungen – Lernkontrolle

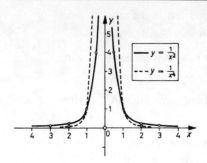

In diesem _____ sehen Sie zwei Kurven.	Koordinatensystem/ Achsenkreuz
Diese Kurven sind die _____ der Funktionen $y = x^{-2}$ und $y = x^{-4}$.	Graphen
In diesen Funktionsgleichungen haben die unabhängig Veränderlichen einen _____ Exponenten.	negativen
Deshalb sind die Graphen dieser Funktionen _____ .	Hyperbeln
Ihre _____ liegen im I. und II. _____ .	Äste/Zweige Quadranten
Sie verlaufen _____ zur x-Achse und zur positiven y-Achse.	asymptotisch
Die x-Achse und die positive y-Achse sind also die _____ der Hyperbeln.	Asymptoten
Die y-Achse ist die S_____ der Äste der beiden Hyperbeln.	Symmetrieachse
Die Äste sind also _____ .	achsensymmetrisch

5a Geometrische Grundbegriffe

5a Geometrische Grundbegriffe

A———————B

Das ist eine Strecke.

Sie ist durch die Punkte A und B begrenzt.
Die Punkte A und B sind die Endpunkte dieser Strecke.

C———D

Das ist die _____ $\overline{CD}$. | Strecke
Die Punkte C und D sind die _End_____ dieser | punkte
Strecke.

Eine Strecke ist eine gerade Linie, die auf beiden Seiten begrenzt ist.

A———– →

Ist das eine Strecke?

                      ja
                      nein | nein

Diese gerade Linie ist keine _____ . Sie ist | Strecke
_____ auf beiden Seiten durch einen Punkt begrenzt. | nicht

Sie ist nur auf einer Seite durch einen Punkt begrenzt, auf der anderen Seite ist sie unbegrenzt.

Eine gerade Linie, die auf einer Seite unbegrenzt ist, heißt Strahl.

•A ———– →

Das ist ein _____ . | Strahl
Er ist auf der einen Seite durch den Punkt A _____ . | begrenzt
Auf der anderen Seite ist er _____ . | unbegrenzt

5a Geometrische Grundbegriffe

Ein Strahl ist also eine gerade Linie, die von einem Punkt ausgeht.

Dieser Punkt heißt Ausgangspunkt.

•────── ─ ─ →
A

Das ist ein —————.	Strahl
Sein Ausgangspunkt ist ———.	A
Er ist also auf der einen Seite durch den Punkt A ———————, auf der anderen Seite ist er ———————.	begrenzt unbegrenzt

Ist das ein Strahl?

         ja
         nein   nein

Diese gerade Linie ist kein Strahl, denn sie ist auf beiden

Seiten ———————.   unbegrenzt

Gerade Linien, die auf beiden Seiten unbegrenzt sind, heißen Geraden.

Das sind die Geraden g_1 und g_2.

Man liest:

„g eins" und „g zwei"

Sie schneiden sich im Punkt A.

A ist der Schnittpunkt der beiden Geraden.

5a Geometrische Grundbegriffe

Das sind die _____ g_1 und g_2. — Geraden
Sie _____ sich im Punkt A. — schneiden
A ist ihr _____ . — Schnittpunkt

Das sind die _____ g_1 und g_2. — Geraden.
Sie sind parallel.
Man sagt auch:
g_1 und g_2 sind Parallelen.

Sind die Geraden g_1 und g_2 Parallelen?
    ja
    nein — nein
Die Geraden g_1 und g_2 sind keine _____ . — Parallelen
Sie _____ _____ im Punkt A. — schneiden sich

Die Geraden g_1 und g_2 sind _____ . — Parallelen/parallel

5a Geometrische Grundbegriffe

Sie schneiden sich im Unendlichen (∞). Sie haben im Endlichen keinen Schnittpunkt.	
[Zeichnung: zwei sich kreuzende Geraden g_1 und g_2 mit Schnittpunkt A]	

Sind g_1 und g_2 parallel?
             ja
             nein
	nein

g_1 und g_2 sind nicht _____ .	parallel
Sie _____ _____ im Punkt A.	schneiden sich
Nicht parallele Geraden _____ _____ also im Endlichen.	schneiden sich
[Zeichnung: zwei Geraden g_1 und g_2, die sich bei A treffen]	
Die Geraden g_1 und g_2 sind nicht _____ . Sie haben nicht überall den gleichen Abstand.	parallel
Nur Geraden, die überall den gleichen Abstand haben, sind _____ .	Parallelen/parallel
[Zeichnung: Strecke a zwischen Punkten A und B]	
Die Strecke a verbindet die Punkte A und B. Sie ist die kürzeste Verbindung zwischen A und B.	
[Zeichnung: geschwungene Linie zwischen A und B]	

Verbindet diese Linie die Punkte A und B?
             ja
             nein
	ja

5a Geometrische Grundbegriffe

Diese Linie _____ A und B. Ist sie eine Strecke? 　　　　　　　　　　　ja 　　　　　　　　　　　nein	verbindet nein
Warum nicht? Sie ist keine Strecke, denn sie ist _____ die kürzeste Verbindung zwischen A und B. Nur die kürzeste _____ zwischen zwei Punkten ist eine Strecke.	nicht Verbindung
(Zeichnung: Strecke von A nach C, bezeichnet mit b) Das ist eine _____ . Sie _____ die Punkte A und C. Strecken sind also die kürzesten _____ zwischen zwei Punkten.	Strecke verbindet Verbindungen
(Zeichnung: Strecke von A nach C, bezeichnet mit b) Die Strecke $\overline{AC}$ ist hier mit dem lateinischen Buchstaben b bezeichnet. Man kann eine _____ also auch mit kleinen lateinischen Buchstaben bezeichnen.	Strecke
Bezeichnet man Punkte auch mit kleinen lateinischen Buchstaben? 　　　　　　　　　　　ja 　　　　　　　　　　　nein Punkte bezeichnet man nicht mit _____ lateinischen Buchstaben, sondern mit großen lateinischen Buchstaben, z. B. A, B, C	 nein kleinen

5a Geometrische Grundbegriffe

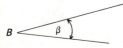

Das ist ein Winkel.

Winkel werden mit kleinen griechischen Buchstaben bezeichnet, z. B. α, β, γ, δ, …*

∡ α

Man liest:
„Winkel Alpha"

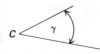

Das ist der _____ β. | Winkel

B ist sein Scheitelpunkt.
Von B gehen zwei Strahlen aus.
Diese Strahlen sind die Schenkel des Winkels.

C <γ

____ ist der Ausgangspunkt von zwei Strahlen. | C
Diese Strahlen bilden den _____ γ. | Winkel
Sie sind die _____ des Winkels γ. | Schenkel
C ist sein _Scheitel_____ . | punkt

---

*) Α α   Β β   Γ γ   Δ δ   Ε ε   Ζ ζ   Η η   Θ ϑ   Ι ι   Κ κ   Λ λ   Μ μ
   Alpha   Beta   Gamma   Delta   Epsilon   Zeta   Eta   Theta   Jota   Kappa   Lambda   My

Ν ν   Ξ ξ   Ο ο   Π π   Ρ ρ   Σ σ   Τ τ   Υ υ   Φ φ   Χ χ   Ψ ψ   Ω ω
Ny   Xi   Omikron   Pi   Rho   Sigma   Tau   Ypsilon   Phi   Chi   Psi   Omega

5a Geometrische Grundbegriffe

$D \angle\ \delta$	
Die Strahlen, die vom Punkt _____ ausgehen, bilden den _____ δ.	D Winkel
Sie sind seine _____ .	Schenkel
D ist sein _____ .	Scheitelpunkt
α = 45° Man liest: „Alpha gleich 45 Grad" Man sagt auch: „Der Winkel Alpha beträgt 45 Grad."	
Bitte lesen Sie! β = 40° „_____ gleich 40 _____" oder: „Der Winkel _____ _____ 40 _____."	Beta | Grad Beta beträgt | Grad
δ = 30° „Delta _____ 30 _____" oder „Der Winkel _____ _____ 30 _____."	gleich | Grad Delta beträgt | Grad
α = 5° 10' Man liest: „_____ gleich 5 _____ 10 Minuten" Bitte lesen Sie! β = 10° 5' „_____ gleich 10 _____ 5 _____"	Alpha | Grad Beta | Grad | Minuten

5a Geometrische Grundbegriffe

$\gamma = 10°\ 5'\ 15''$

Man liest:

„_____ gleich 10 _____ 5 _____ 15 Sekunden"

Gamma | Grad | Minuten

Bitte lesen Sie!

$\delta = 15°\ 10'\ 5''$

„_____ gleich 15 _____ 10 _____ 5 _____ ''

Delta | Grad | Minuten | Sekunden

$\alpha = 45°$

α ist ein spitzer Winkel.

Warum?

$\alpha < 90°$

Man liest:

„α ist kleiner als 90°"

Ein Winkel, der kleiner ist als 90°, ist also ein _____ Winkel.

spitzer

$\alpha = 90°$

Ist α ein spitzer Winkel?

    ja

    nein

nein

α ist kein _____ Winkel, denn α beträgt _____ °.

spitzer
90

Nur Winkel, die _____ sind als 90°, sind spitze Winkel.

kleiner

5a Geometrische Grundbegriffe

α beträgt 90°.
α ist ein rechter Winkel.

α = 135°

Ist α ein rechter Winkel?

          ja
          nein   nein

Warum nicht?
α > 90°

Man liest:
„α ist größer als 90°"

α ist also kein _____ Winkel.   rechter

Nur ein Winkel, der 90° beträgt, ist ein _____   rechter
Winkel.

α = 135°
90° < α < 180°

Man liest:
α ist größer als 90° und _____ als 180°.   kleiner

α ist ein stumpfer Winkel.

Ein Winkel, der _____ ist als 90° und   größer
_____ als 180°, ist also ein stumpfer Winkel.   kleiner

α = 180°

Ist α ein stumpfer Winkel?

          ja
          nein   nein

5a Geometrische Grundbegriffe

Warum nicht? α beträgt 180°. α ist kein _____ Winkel, denn nur Winkel, die größer als 90° und kleiner als 180° sind, sind stumpfe Winkel. α = 180° α ist ein gestreckter Winkel.	stumpfer
(Abbildung: Winkel α mit Scheitel A, ca. 225°) α = 225° Ist α ein gestreckter Winkel? ja nein	nein
Warum nicht? α ist kein _____ Winkel, denn α ist größer als 180°. Nur Winkel, die _____ betragen, sind gestreckte Winkel.	gestreckter 180°
α = 225° 180° < α < 360° Man liest: „α ist größer als 180° und _____ als 360°" α ist ein überstumpfer Winkel.	kleiner
(Abbildung: Kreis mit Mittelpunkt A, Winkel α = 360°) α = 360° Ist α ein überstumpfer Winkel? ja nein	nein

5a Geometrische Grundbegriffe

Warum nicht? α ist kein _____ Winkel, denn α beträgt 360°. Nur Winkel, die _____ sind als 180° und _____ als 360°, sind überstumpfe Winkel.	überstumpfer größer kleiner
α = 360° α ist ein Vollwinkel. Vollwinkel betragen also _____ .	360°
α = 20° α < 90° α ist ein _____ Winkel, denn α ist _____ als 90°.	spitzer kleiner
α = 90° α ist ein _____ Winkel, denn α beträgt _____ .	rechter | 90°
α = 100° 90° < α < 180° α ist ein _____ Winkel, denn α ist _____ als 90° und _____ als 180°.	stumpfer | größer kleiner
Der Winkel α ist _____ . Der Winkel β ist _____ . Der Winkel γ ist ein rechter Winkel. Der Winkel δ ist ein _____ _____ .	spitz stumpf rechter Winkel

5a Geometrische Grundbegriffe

Die Winkel α und γ haben den Scheitelpunkt _____ gemeinsam.	A
α und γ sind Scheitelwinkel.	
Scheitelwinkel haben also einen gemeinsamen _____ .	Scheitelpunkt
Ihre Schenkel liegen auf zwei Geraden.	
Sind β und δ Scheitelwinkel? ja nein	ja
Warum?	
Sie haben den _____ A gemeinsam. Ihre _____ liegen auf zwei Geraden.	Scheitelpunkt Schenkel
α und γ sind gleich groß. β und δ sind gleich groß. S_____ sind also gleich groß.	Scheitelwinkel
Sind α und β Scheitelwinkel? ja nein	nein
Warum nicht?	

189

5a Geometrische Grundbegriffe

α und β haben einen gemeinsamen _____ , aber ihre Schenkel liegen _____ auf einer Geraden. Sie sind _____ gleich groß.	Scheitelpunkt nicht nicht
α und β haben einen _____ Scheitelpunkt. Sie haben einen _____ Schenkel. Ihre anderen Schenkel liegen auf einer Geraden. α und β sind Nebenwinkel.	gemeinsamen gemeinsamen
Nebenwinkel betragen zusammen 180°. Man sagt auch: Nebenwinkel ergänzen sich zu 180°.	
Winkel, die einen Schenkel und den Scheitelpunkt gemeinsam haben und deren andere Schenkel auf einer Geraden liegen, sind _____ . Nebenwinkel sind also Winkel, die einen _____ und den _____ gemeinsam haben, deren andere _____ auf einer Geraden liegen und die sich zu _____ ergänzen.	Nebenwinkel Schenkel Scheitelpunkt Schenkel 180°
Eine Gerade _____ zwei Parallelen. Wie viele Winkel entstehen? Es entstehen _____ Winkel.	schneidet acht

5a Geometrische Grundbegriffe

Werden Parallelen also von einer Geraden geschnitten, so entstehen acht _____ .	Winkel
α und α_1 sind Stufenwinkel.	
δ und _____ sind Stufenwinkel.	δ_1
α_1	
Man liest: „Alpha eins"	
_____ und α_1 sind also Stufenwinkel.	α
γ und γ_1 sind auch _____ .	Stufenwinkel
Sind α und γ Stufenwinkel? ja nein	nein
α und γ sind keine _____ , α und γ sind Scheitelwinkel.	Stufenwinkel
Sind γ und δ Stufenwinkel? ja nein	nein
γ und δ sind keine _____ , γ und δ sind _____ .	Stufenwinkel Nebenwinkel
β und β_1 sind _____ .	Stufenwinkel
Stufenwinkel sind _____ .	gleich

α und γ_1 sind Wechselwinkel.
Wechselwinkel sind gleich.

β und δ_1 sind auch _____ .	Wechselwinkel

5a Geometrische Grundbegriffe

Sind β und β₁ auch Wechselwinkel? ja nein	nein
β und β₁ sind _____ .	Stufenwinkel
Stufenwinkel sind _____ .	gleich
Wechselwinkel sind auch _____ .	gleich
Scheitelwinkel sind _____ .	gleich
Nebenwinkel sind _____ _____ ,	nicht gleich
sie ergänzen sich zu _____ .	180°

[Skizze: zwei parallele Geraden mit Schnittgerade; Winkel δ, γ, α, β oben und δ₁, γ₁, α₁, β₁ unten]

α und δ₁ sind entgegengesetzte Winkel.	
β und γ₁ sind auch _____ Winkel.	entgegengesetzte
Entgegengesetzte Winkel sind _____ gleich.	nicht
_____ Winkel betragen zusammen 180°.	Entgegengesetzte

[Skizze: zwei parallele Geraden mit Schnittgerade; Winkel δ, γ, α, β oben und δ₁, γ₁, α₁, β₁ unten]

γ und γ₁ sind _____ .	Stufenwinkel
γ und δ₁ sind _____ .	Wechselwinkel
δ und β sind _____ .	Scheitelwinkel
γ₁ und δ₁ sind _____ .	Nebenwinkel
β und γ₁ sind _____ _____ .	entgegengesetzte Winkel

5a Geometrische Grundbegriffe

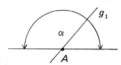

Die Gerade g_1 teilt den Winkel α in zwei gleiche Teile.
Man sagt:
Die Gerade g_1 halbiert den Winkel α.
Die Gerade g_1 ist also die Winkelhalbierende.

Halbiert die Gerade g_1 den gestreckten Winkel α?

           ja
           nein   nein

Warum nicht?
Die Gerade g_1 teilt den Winkel α in _____ Teile, aber   zwei
diese Teile sind _____ gleich.   nicht
Sie halbiert den Winkel also _____ .   nicht
Sie ist nicht die _Winkel_____ .   halbierende

Halbieren Sie den gestreckten Winkel α durch die Gerade g_1!

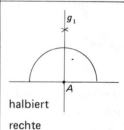

Die Gerade g_1 _____ den Winkel α.   halbiert
Sie teilt den Winkel α in zwei _____ Winkel.   rechte
Sie steht senkrecht auf den Schenkeln des Winkels α.

5a Geometrische Grundbegriffe

Stehen die Geraden g_1 und g_2 senkrecht aufeinander?

                              ja
                             nein   nein

g_1 und g_2 stehen _____ senkrecht aufeinander.   nicht

Sie bilden _____ rechten Winkel.   keinen

Die Geraden g_1 und g_2 stehen _____ aufeinander.   senkrecht

Sie bilden vier _____ Winkel.   rechte

Die Geraden g_1 und g_2 stehen _____ aufeinander.   senkrecht

Die Gerade g_1 geht durch den Punkt A.

Man sagt:
In A ist die Senkrechte errichtet.

5a Geometrische Grundbegriffe

Errichten Sie bitte auf der Geraden g_1 im Punkt P_1 die Senkrechte!

Durch P_1 soll eine Gerade gezeichnet werden, die senkrecht auf der Geraden g_1 steht.

Man zeichnet also durch P_1 eine Gerade, die senkrecht auf g_1 steht.

Man sagt:
Man fällt das Lot von P_1 auf g_1.

Kann man hier das Lot von B auf g_1 fällen?

        ja
        nein   nein

Warum nicht?
B liegt auf der Geraden g_1.
Deshalb kann man das Lot _____ von B auf g_1 fällen.   nicht

Man kann nur in B die _____ errichten.   Senkrechte

5a Geometrische Grundbegriffe

$P_1^\times$

——————————— g_1

Kann man in P_1 die Senkrechte errichten?

ja	
nein	nein
Warum nicht?	
g_1 geht ——————— durch P_1.	nicht
Deshalb kann man in P_1 die Senkrechte nicht ——————— .	errichten
Man kann aber von P_1 das ——————— auf g_1 fällen.	Lot
Dieses Lot steht dann ——————————— auf g_1 und geht durch P_1.	senkrecht

$P_1^\times$

——————————— g_1

Will man auf der Geraden g_1 eine Senkrechte errichten, die durch P_1 geht, so muß man von P_1 auf g_1 das ——————— ——————— .	Lot fällen

5a Geometrische Grundbegriffe — Lernkontrolle   Wiederholen Sie auf Seite ↓

1. Eine gerade Linie, die auf beiden Seiten begrenzt ist, ist eine _____.	Strecke	178
2. Eine Strecke hat zwei _____.	Endpunkte	178
3. Eine gerade Linie, die auf beiden Seiten _____ ist, heißt Gerade.	unbegrenzt	178/179
4. Eine auf einer Seite begrenzte gerade Linie heißt _____.	Strahl	178
5. _____ Geraden haben überall den gleichen Abstand.	Parallele	180
6. Parallelen sind Geraden, die im Endlichen keinen _____ haben.	Schnittpunkt	179
7. Parallelen _____ _____ im Endlichen nicht.	schneiden sich	179
8. Die Strecke ist die kürzeste _____ zwischen zwei Punkten.	Verbindung	181
9. Man gibt die Größe eines Winkels in _____, _____ und _____ an.	Grad Minuten | Sekunden	184 184/185
10. Ein Winkel, der weniger als 90° beträgt, ist ein _____ Winkel.	spitzer	185
11. Der Winkel α beträgt 90°. α ist ein _____ _____.	rechter Winkel	186
12. Winkel, die mehr als 90° und weniger als 180° betragen, sind _____ Winkel.	stumpfe	186

5a Geometrische Grundbegriffe — Lernkontrolle   Wiederholen Sie auf Seite ↓

13. Winkel, die den Scheitelpunkt gemeinsam haben und deren Schenkel auf zwei Geraden liegen, sind _____ .	Scheitelwinkel	189
14. Eine Gerade, die einen Winkel halbiert, heißt _____ .	Winkelhalbierende	193

5a Geometrische Grundbegriffe — Hinführung zum Text

Entstehung, Bezeichnung und Messung von Winkeln

Dreht man einen Strahl um seinen Ausgangspunkt, so entsteht ein Winkel:

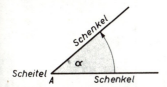

Ist die Drehung des Strahls klein, so ist auch der Winkel
_____ .   klein

Ist die Drehung groß, so ist auch der Winkel _____ .   groß

Je größer die Drehung ist, um so größer ist auch der Winkel.

Auf dem Strahl liegen unendlich viele Punkte.
Dreht man den Strahl um 360°, so beschreibt jeder dieser Punkte einen Kreis:

Dreht man den Strahl z. B. um 60°, so beschreibt jeder der Punkte keinen Kreis, sondern nur den Teil eines Kreises, einen Kreisbogen.

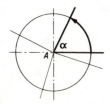

5a Geometrische Grundbegriffe — Hinführung zum Text

Dreht man den Strahl z. B. um 150°, so beschreibt jeder dieser Punkte einen Kreisbogen.	
Je größer also die Drehung, um so _____ ist auch der Kreisbogen.	größer

```
           90°
            |  45°
            | /
    180° ———α——— 0°
            A    360°
            |
           270°
       ∢α = 45°
```

A ist der _____ des Winkels α.	Scheitelpunkt
A ist auch der Mittelpunkt des Kreises.	
α beträgt 45 Winkelgrad (45°).	
Sein Kreisbogen beträgt 45 Bogengrad.	
Ein Vollwinkel beträgt _____ Winkelgrad.	360
Ein Kreis beträgt also _____ Bogengrad.	360
Man teilt also einen Kreis in 360 gleiche Teile.	
Man erhält dann 360 gleiche Stücke des Kreisbogens.	
Man erhält also _____ gleiche Bogenstücke.	360
Jedes Bogenstück hat die Größe von einem *Bogen*_____ .	grad
Ein Winkel von einem Winkelgrad entsteht, wenn man die Endpunkte eines Bogenstückes von 1 Bogengrad mit dem *Mittel*_____ A des Kreises verbindet.	punkt
Die Endpunkte dieses Bogenstückes liegen auf dem Kreisbogen nebeneinander.	
Man sagt auch: Sie sind benachbart.	

5a Geometrische Grundbegriffe

Man erhält also einen Winkel von einem Winkelgrad (1°), wenn man zwei benachbarte Punkte auf einem *K*_____ mit dem Mittelpunkt des Kreises verbindet.	Kreisbogen
Will man wissen, wie groß ein Winkel ist, so muß man ihn messen. Man mißt einen Winkel in Grad. Ein Grad ist also eine Einheit zum Messen von Winkeln.	

Mißt man eine Strecke in Grad?
                                 ja
                                nein
Man mißt eine Strecke _____ in Grad.
Ein Grad ist also keine Einheit zum Messen von Strecken.
Man kann Strecken in Zentimetern (cm) messen.
Ein Zentimeter (cm) ist also eine Einheit zum _____ von Strecken.
	nein
	nicht
	
	Messen

Man kann Strecken auch in Millimetern (mm) _____ . Ein Millimeter (mm) ist also auch eine _____ zur Messung von Strecken. Auch ein Meter (m) ist eine _____ zur Messung von Strecken.	messen Einheit Einheit

5a Geometrische Grundbegriffe — Text

Entstehung, Bezeichnung und Messung von Winkeln

Ein Winkel entsteht, wenn man einen Strahl um einen festen Punkt dreht. Die Strahlen heißen Schenkel, ihr Ausgangspunkt heißt Scheitel. Man bezeichnet die Winkel mit griechischen Buchstaben (α, β, γ, ...).

Bezeichnung: ∢ α

Jeder Punkt des bewegten Schenkels beschreibt bei der Drehung einen Kreisbogen. Je größer die Drehung, um so größer ist der Kreisbogen, der zum Vollkreis wird, wenn der Schenkel eine volle Drehung bis in die Ausgangslage zurück ausgeführt hat.

Um die Winkel zu messen, teilt man den Kreisbogen in 360 gleiche Teile ein. Verbindet man zwei benachbarte Teilpunkte mit dem Mittelpunkt, so entsteht ein Bogenstück von einem Bogengrad. Der zu diesem Bogengrad gehörende Winkel mit dem Scheitel im Mittelpunkt A ist ein Winkelgrad ($1°$).

Niedere Einheiten sind:

1 Grad = 60 Minuten
$1° = 60'$
1 Minute = 60 Sekunden
$1' = 60''$

In der Praxis mißt man die Winkel mit Winkelmessern.

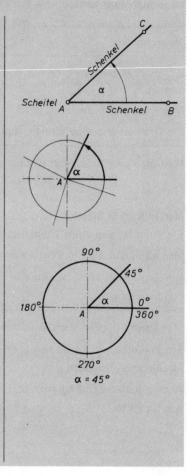

Aus alledem geht hervor, daß die Größe der Winkel nicht von der Länge der Schenkel oder allein von der Länge des Bogens abhängt, sondern vom Unterschied der Schenkelrichtung. Je länger die Schenkel sind, desto größer ist bei gleichem Winkel der Bogen.

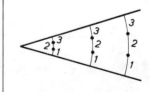

202

5a Geometrische Grundbegriffe — Text

Zwei Winkel sind gleich groß, wenn sie gleichlange Bögen auf dem Kreis mit dem gleichen Radius haben.

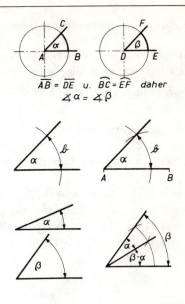

$\overline{AB} = \overline{DE}$ u. $\overparen{BC} = \overparen{EF}$ daher ∡α = ∡β

Beispiel [1]: Trage nebenstehenden ∡ α an die Strecke $\overline{AB}$ in A an.

Lösung: Die Bögen auf gleichen Kreisen müssen gleich sein.

Beispiel [2]: Subtrahiere zeichnerisch ∡ α von ∡ β.

Lösung: Der Drehschenkel des ∡ β wird um den ∡ α zurückgedreht. Es entsteht der ∡ β−α.

5a Geometrische Grundbegriffe — Text

Winkel an geschnittenen Parallelen

Aufgabe: Wie viele Winkel entstehen, wenn zwei Parallelen von einer Geraden geschnitten werden?

Erkenntnis: Es entstehen 8 Winkel: α, β, γ, δ, α_1, β_1, γ_1, δ_1.

Erklärung: Außer den Bezeichnungen für die Neben- und Scheitelwinkel hat man für 3 andere Winkelpaare folgende Bezeichnungen eingeführt:

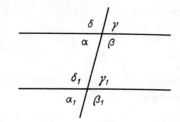

α und α_1 ⎫
β und β_1 ⎬ Stufenwinkel (Gegenwinkel) sind je
γ und γ_1 ⎬ ein äußerer und ein innerer Winkel
δ und δ_1 ⎭ auf derselben Seite der sich schneidenden Geraden.

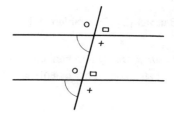

α und γ_1 ⎫
β und δ_1 ⎬ Wechselwinkel sind je 2 äußere oder
γ und α_1 ⎬ 2 innere Winkel auf verschiedenen
δ und β_1 ⎭ Seiten der schneidenden Geraden.

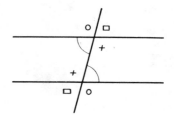

α_1 und δ ⎫
α und δ_1 ⎬ Entgegengesetzte Winkel sind je 2
β_1 und γ ⎬ äußere oder 2 innere Winkel auf
β und γ_1 ⎭ derselben Seite der sich schneidenden Geraden und auf verschiedenen Seiten der Parallelen.

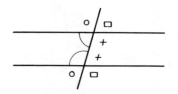

Aufgabe: Miß alle Winkel an geschnittenen Parallelen und vergleiche die Stufen-, Wechsel- und entgegengesetzten Winkel!

5a Geometrische Grundbegriffe — Text

Erkenntnis: Je 2 Stufenwinkel sind gleich. Je 2 Wechselwinkel sind gleich. Je 2 entgegengesetzte Winkel ergeben zusammen 180°.

Lehrsatz: Werden 2 parallele Geraden von einer dritten Geraden geschnitten, so sind die Stufen- und Wechselwinkel einander gleich; die entgegengesetzten Winkel ergeben zusammen 180°.

Umkehrung: Zwei Geraden, die mit einer dritten Geraden gleiche Stufen- oder Wechselwinkel bilden oder bei denen die entgegengesetzten Winkel 180° betragen, sind parallel.

Folgerung: Die nicht gemeinsamen Schenkel zweier Stufen-, Wechsel- oder entgegengesetzten Winkel laufen parallel, wenn die Stufenwinkel und die Wechselwinkel einander gleich sind oder die entgegengesetzten Winkel zusammen 180° ergeben.

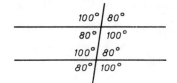

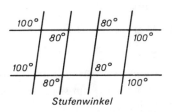
Stufenwinkel

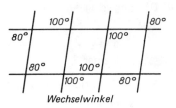
Wechselwinkel

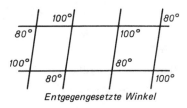
Entgegengesetzte Winkel

Beweis: Durch Verschiebung der Parallelen (bis zur Deckung) kommen Stufenwinkel zur Deckung, werden Wechselwinkel zu Scheitelwinkeln und entgegengesetzt liegende Winkel zu Nebenwinkeln.

Beispiel: Zeichne zu einer Geraden g_1 durch einen Punkt P eine Parallele.

Lösung: Ziehe durch P eine beliebige Gerade g_2, die mit g_1 den ∢ α bildet. Im Punkt P trage an die Gerade g_2 ∢ α als Stufenwinkel an; dann sind die nicht gemeinsamen Schenkel der Stufenwinkel parallel.

$g_3 \parallel g_1$

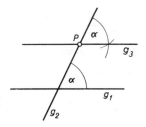

5a Geometrische Grundbegriffe — Übungen

Übung 1

Beispiel: _Je_ größer die Drehung eines Strahles um seinen Ausgangspunkt ist, _um so größer_ ist der Winkel.

1. Je kleiner die Drehung eines Strahles um seinen Ausgangspunkt ist, um so _____ ist der Winkel. — kleiner

2. Je größer die Drehung des Strahles, _____ _____ ist der Winkel. — um so größer

3. Die Nebenwinkel α und β ergänzen sich zu 180°.
   Je größer α, um so _____ β. — kleiner
   Je kleiner α, _____ _____ _____ β. — um so größer

4. Die entgegengesetzten Winkel β und γ₁ ergänzen sich zu 180°.
   _____ größer β, _____ _____ kleiner γ₁. — Je | um so
   _____ kleiner β, _____ _____ _____ γ₁. — Je | um so größer

5. Für die Funktion y = 2x gilt:
   _____ größer x, _____ _____ größer y. — Je | um so
   _____ kleiner y, _____ _____ _____ y. — Je | um so kleiner

Übung 2

Beispiel: _Je_ größer die Drehung eines Strahles um seinen Ausgangspunkt ist, _desto größer_ ist der Winkel.

1. Je kleiner die Drehung eines Strahles um seinen Ausgangspunkt ist, desto _____ ist der Winkel. — kleiner

2. Je größer die Drehung des Strahles, _____ _____ ist der Winkel. — desto größer

3. Die Nebenwinkel γ und δ ergänzen sich zu 180°.
   Je größer γ, _____ _____ δ. — desto kleiner
   Je kleiner γ, _____ _____ δ. — desto größer

5a Geometrische Grundbegriffe — Übungen

4. Die entgegengesetzten Winkel α_1 und δ ergänzen sich zu 180°.

   _____ größer α_1, _____ kleiner δ.   Je | desto

   _____ kleiner α_1, _____ _____ δ.   Je | desto größer

5. Für die Funktion $y = 2x$ gilt:

   _____ größer x, _____ _____ y.   Je | desto größer

   _____ kleiner x, _____ _____ y.   Je | desto kleiner

5a Geometrische Grundbegriffe — Lernkontrolle

Wenn sich zwei Geraden _____ , so entstehen vier Winkel.	schneiden
Die _____ aller Winkel beträgt 360°.	Summe
Man bezeichnet _____ oft mit kleinen griechischen Buchstaben.	Winkel
In der obenstehenden Zeichnung sind α und β _____ .	Nebenwinkel
Sie haben den _____ und einen _____ gemeinsam.	Scheitelpunkt Schenkel
Ihre anderen Schenkel _____ auf einer Geraden.	liegen
Die Winkel α und β ergänzen sich zu _____ , das heißt, _____ größer α, desto _____ β.	180° kleiner
Auch β und γ sind _____ , die sich zu _____ ergänzen: _____ kleiner also β ist, _____ größer ist γ.	Nebenwinkel 180° | je | desto/um so
Dasselbe gilt für γ und δ: _____ γ, desto größer δ.	je kleiner
Ist γ beispielsweise ein spitzer Winkel, so ist δ ein _____ .	stumpfer Winkel
α und γ in der obigen Zeichnung sind _____ .	Scheitelwinkel
Sie haben einen _____ Scheitelpunkt.	gemeinsamen
Ihre Schenkel liegen auf zwei sich schneidenden _____ .	Geraden
Scheitelwinkel sind _____ .	gleich

5b Dreieck

5b Dreieck

Das ist ein Dreieck.	
Das ist das _____ ABC.	Dreieck
Es hat die Seiten a, b und c.	
Ein Dreieck hat also _____ Seiten.	drei
a ist eine _____ .	Seite
b und c sind _____ .	Seiten
Diese drei Seiten schneiden sich in den Ecken A, B und C.	
A ist also eine Ecke.	
B und C sind auch _____ .	Ecken
Das ist das _____ ABC.	Dreieck
Die Seite a liegt A gegenüber.	
Die Seite b _____ B gegenüber.	liegt
Die Seite c _____ C _____ .	liegt | gegenüber
Bei diesem _____ sind alle Seiten gleich.	Dreieck
Es ist ein gleichseitiges Dreieck.	
Ein gleichseitiges Dreieck ist also ein Dreieck, bei dem alle _____ gleich sind.	Seiten

5b Dreieck

Ist das ein gleichseitiges Dreieck?
                                         ja
                                         nein
 Das ist kein _____ Dreieck, denn die Seiten dieses Dreiecks sind _____ gleich. Die Seiten dieses Dreiecks sind also *un*_____ .
 Das Dreieck ABC ist ein *ungleich*_____ Dreieck.
 Ein Dreieck, bei dem die Seiten ungleich sind, ist also ein _____ Dreieck.
	nein
	
	 gleichseitiges
	
	 nicht
	 ungleich
	
	 seitiges
	
	 ungleichseitiges

Ist das ein gleichseitiges Dreieck?
                                         ja
                                         nein
 Warum nicht?
 Nur zwei Seiten dieses Dreiecks sind _____ .
 Diese beiden gleichen Seiten heißen Schenkel.
 Die dritte Seite heißt Basis oder Grundseite.
 Die beiden gleichen Seiten dieses Dreiecks heißen also _____ .
 Das Dreieck ABC ist ein gleichschenkliges _____ .
 Ein Dreieck, bei dem zwei Seiten gleich sind, ist also ein _____ Dreieck.
	nein
	
	 gleich
	
	 Schenkel
	
	 Dreieck
	
	 gleichschenkliges

5b Dreieck

γ beträgt 90°.	
γ ist also ein _____ Winkel.	rechter
Dieses Dreieck ist also ein rechtwinkliges Dreieck.	
Ein Dreieck, das einen rechten Winkel hat, ist ein _____ Dreieck.	rechtwinkliges
Die Seite, die dem rechten Winkel gegenüberliegt, heißt Hypotenuse.	
Die beiden Seiten, die den rechten Winkel bilden, heißen Katheten.	
Bei einem rechtwinkligen Dreieck ist also die dem rechten Winkel gegenüberliegende Seite die _____ .	Hypotenuse
Die den rechten Winkel bildenden Seiten sind die _____ .	Katheten
Bei diesem Dreieck sind die Seiten _____ .	ungleich
Es handelt sich also um ein ungleichseitiges Dreieck.	
Bei diesem Dreieck sind die Seiten _____ .	gleich
Es handelt sich also um ein _____ Dreieck.	gleichseitiges

5b Dreieck

Bei diesem Dreieck sind zwei Seiten _____ . Es handelt sich also um ein _____ Dreieck.	gleich gleichschenkliges
Dieses Dreieck hat einen rechten Winkel. Es handelt sich also um ein _____ Dreieck. Bei der dem rechten Winkel gegenüberliegenden Seite handelt es sich um die _____ . Bei den den rechten Winkel bildenden Seiten handelt es sich um die _____ .	rechtwinkliges Hypotenuse Katheten
Dieses Dreieck hat drei spitze Winkel. Es handelt sich um ein _____*winkliges* Dreieck. Ein Dreieck, bei dem die Winkel spitz sind, ist also ein _____ Dreieck.	spitz spitzwinkliges

5b Dreieck

Dieses Dreieck hat einen stumpfen Winkel.
Es handelt sich um ein _stumpf_____ winkliges
Dreieck.
Ein Dreieck, bei dem ein Winkel stumpf ist, ist also ein
_____ Dreieck. stumpfwinkliges

Das ist das _____ ABC. Dreieck
Die Winkel α, β und γ liegen in diesem Dreieck. α, β und γ
sind die Innenwinkel.
Die Summe der Innenwinkel im Dreieck beträgt _____. 180°

Sind die Winkel $α_1$, $β_1$ und $γ_1$ Innenwinkel?
    ja
    nein nein
Warum nicht?
Die Winkel $α_1$, $β_1$ und $γ_1$ liegen _____ im nicht
Dreieck.

5b Dreieck

Sie liegen außerhalb des Dreiecks. Man nennt sie deshalb Außenwinkel. ____, ____ und ____ sind also Außenwinkel. Die Summe der Außenwinkel beträgt ____ .	$\alpha_1 \mid \beta_1 \mid \gamma_1$ 360°
α ist ein ____ . α_1 ist ein ____ . α und α_1 ergänzen sich zu ____ . Innenwinkel und zugehörige ____ sind Nebenwinkel.	Innenwinkel Außenwinkel 180° Außenwinkel
Die Gerade g_1 _h____ den Winkel α. Sie ist die _Winkel____ .	halbiert halbierende
Die Gerade g_2 ____ die Seite a. Sie ist also die _Seiten____ .	halbiert halbierende

5b Dreieck

Die Gerade g_1 _____ die Seite b. — halbiert

Sie ist die _____. — Seitenhalbierende

Die _____ geht durch den Punkt E. — Seitenhalbierende

E ist die Mitte der Seite b.

Die Seitenhalbierende der Seite a geht durch die Mitte der Seite _____. — a

Die Seitenhalbierende der Seite c geht durch die _____ der Seite c. — Mitte

---

F ist die _____ der Seite c. — Mitte

In F ist die Senkrechte errichtet.

Diese Senkrechte heißt Mittelsenkrechte.

Eine Mittelsenkrechte ist also eine Senkrechte, die in der _____ einer Seite errichtet ist. — Mitte

5b Dreieck

Die Gerade g_1 ist die _____ der Seite *a*.	Mittelsenkrechte
Sie steht _____ auf der Seite *a*.	senkrecht
Sie geht durch die _____ der Seite *a*.	Mitte
Fällen Sie von *C* das Lot auf die gegenüberliegende Seite! Dieses Lot wird als Höhe bezeichnet.	
Das ist das _____ *ABC* mit der Höhe h_a.	Dreieck
h_a Man liest die Buchstaben einzeln: „h a" Die Höhe h_a ist das _____ von *A* auf die gegenüberliegende Seite *a*.	Lot

5b Dreieck

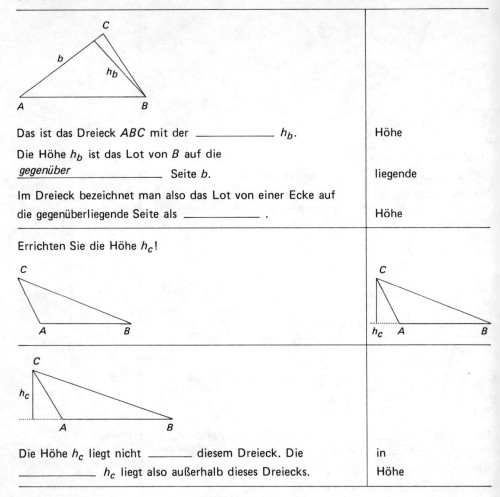

Das ist das Dreieck ABC mit der _____ h_b.   Höhe

Die Höhe h_b ist das Lot von B auf die
*gegenüber*_____ Seite b.   liegende

Im Dreieck bezeichnet man also das Lot von einer Ecke auf
die gegenüberliegende Seite als _____.   Höhe

Errichten Sie die Höhe h_c!

Die Höhe h_c liegt nicht _____ diesem Dreieck. Die   in
_____ h_c liegt also außerhalb dieses Dreiecks.   Höhe

5b Dreieck — Lernkontrolle

Wiederholen Sie auf Seite ↓

1. Sind bei zwei Dreiecken zwei Seiten gleich, so sind auch ihre dritten _____ gleich.	Seiten	210
2. In jedem Dreieck _____ die größte Seite dem größten Winkel _____ .	liegt gegenüber	210
3. Im gleichschenkligen Dreieck sind _____ Seiten gleich.	zwei	211
4. Im rechtwinkligen Dreieck heißt die Seite, die dem rechten Winkel gegenüberliegt, _____ .	Hypotenuse	212
5. Im rechtwinkligen Dreieck heißen die Schenkel, die den rechten Winkel bilden, _____ .	Katheten	212
6. Ein Dreieck ist stumpfwinklig, wenn es einen Winkel hat, der größer als _____ und kleiner als _____ ist.	90° 180°	214
7. Die Summe der _____ im Dreieck beträgt 180°.	Innenwinkel	214
8. Im Dreieck sind Innenwinkel und je ein zugehöriger _____ Nebenwinkel.	Außenwinkel	215
9. Beim gleichseitigen Dreieck geht die Höhe durch die _____ der gegenüberliegenden Seite.	Mitte	216
10. Die _____ ist das Lot, das von einem Eckpunkt eines Dreiecks auf die gegenüberliegende Seite gefällt ist.	Höhe	217

5b Dreieck — Hinführung zum Text

Lehrsatz des Euklid

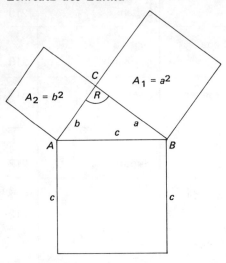

Das Dreieck ABC ist _____ .	rechtwinklig
Die Seite a ist eine _____ .	Kathete
Über dieser Kathete ist ein Quadrat errichtet.	
Dieses Quadrat hat die Fläche $A_1 = a \cdot a = a^2$.	
Dieses Quadrat ist über einer _____ errichtet.	Kathete
Es ist ein Kathetenquadrat.	
Über der Kathete b ist auch ein _____ errichtet.	Quadrat
Es ist auch ein _Katheten_____ .	quadrat
Dieses Kathetenquadrat hat die Fläche $A_2 =$ _____	$b \cdot b = b^2$
Die Seite c ist die _____ .	Hypotenuse
Über c ist auch ein _____ errichtet.	Quadrat
Dieses ist das _____ .	Hypotenusenquadrat
Ein Kathetenquadrat hat die Fläche $A_1 =$ _____ . Wenn $a = 4$ cm ist, beträgt der Inhalt der Fläche 4 cm · 4 cm = 16 cm².	$a \cdot a = a^2$

5b Dreieck — Hinführung zum Text

cm² Man liest: „Quadratzentimeter" Das andere Kathetenquadrat hat die _____ A_2. $A_2 = b \cdot b = b^2$ Ist $b = 3$ cm, dann beträgt der Flächeninhalt _____ .	Fläche 3 cm · 3 cm = 9 cm²
[Figur: Dreieck ABC mit Kathetenquadraten $A_1 = a^2$, $A_2 = b^2$ und Hypotenusenabschnitten $A_3 = c \cdot q$, $A_4 = c \cdot p$; Höhe h_c, Abschnitte p, q, rechter Winkel R bei C]	
Im Dreieck *ABC* ist die _____ h_c eingezeichnet. Sie teilt die Hypotenuse in _____ Teile. Man sagt auch: Sie teilt die Hypotenuse in zwei Abschnitte. q ist der eine Abschnitt auf der _____ . p ist der andere _____ auf der Hypotenuse. q ist also ein <u>Hypotenusen</u>_____ . p ist der andere _____ .	Höhe zwei Hypotenuse Abschnitt abschnitt Hypotenusenabschnitt

5b Dreieck — Hinführung zum Text

Verlängert man die Höhe, so teilt sie das Hypotenusenquadrat in zwei Rechtecke.	
A_3 ist ein Rechteck mit den Seiten q und _____ .	c
A_4 ist das andere Rechteck mit den Seiten _____ und _____ .	p | c
$b^2 = c \cdot q$	
b^2 ist das _____ über einer Kathete.	Quadrat
Es ist gleich dem Rechteck aus der Hypotenuse und dem anliegenden Hypotenusenabschnitt.	
Der anliegende Hypothenusenabschnitt ist hier _____ .	q
[Figure: rechtwinkliges Dreieck mit Quadraten $A_1 = a^2$, $A_2 = b^2$ über den Katheten und Rechtecken $A_3 = c \cdot q$, $A_4 = c \cdot p$ über der Hypotenuse; Punkte A, B, C; Höhe h, Abschnitte p, q; rechter Winkel R]	
a^2 ist das _____ über einer Kathete.	Quadrat
Der anliegende Hypotenusenabschnitt ist _____ .	p
$a^2 = c \cdot p$	
Für das rechtwinklige Dreieck gilt:	
Das Quadrat über einer Kathete ist gleich dem Rechteck aus der _____ und dem anliegenden _____ .	Hypotenuse Hypotenusenabschnitt

5b Dreieck — Hinführung zum Text

Man sagt auch: Das Quadrat über einer Kathete ist gleich dem Rechteck aus Hypotenuse und dem entsprechenden Hypotenusenabschnitt.	
$a^2 = c \cdot p$ Für das Kathetenquadrat a^2 ist _____ das entsprechende Rechteck. Für das Kathetenquadrat b^2 ist _____ das entsprechende Rechteck.	$c \cdot p$ $c \cdot q$
Vergleicht man A_1 und A_4, so sieht man: A_1 und A_4 sind gleich. Vergleicht man A_1 und A_3, so sieht man: A_1 und A_3 sind nicht gleich.	

5b Dreieck — Text

Lehrsatz des Euklid

Aufgabe: Zeichne ein rechtwinkliges Dreieck ABC aus den Seiten $a = 4$ cm und $b = 3$ cm. Errichte auf den Seiten die Quadrate. Fälle von C die Höhe, und teile durch ihre Verlängerung das Hypotenusenquadrat in zwei Rechtecke. Vergleiche die Flächeninhalte der Kathetenquadrate mit denen der entsprechenden Rechtecke aus der Hypotenuse und einem Hypotenusenabschnitt. (Die Hypotenusenabschnitte q und p nennt man auch Projektionen der Katheten b und a).

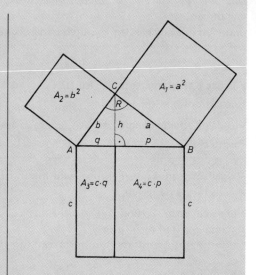

Erkenntnis: $b^2 = c \cdot q$
$a^2 = c \cdot p$

Lehrsatz: *Im rechtwinkligen Dreieck ist das Quadrat über einer Kathete gleich dem Rechteck aus der Hypotenuse und dem anliegenden Hypotenusenabschnitt (Kathetensatz von Euklid).*

Beweis: $\triangle ABH \cong \triangle AFC$ (sws)
$\overline{HA} = \overline{AC}$
$\overline{AB} = \overline{AF}$
$\measuredangle CAF = \measuredangle HAB$ ($90° + \alpha$)

Nun ist
$\triangle ABH = \square \dfrac{ACGH}{2}$
und
$\triangle AFC = \square \dfrac{AFED}{2}$
} gleiche Grundlinie und Höhe

$\square ACGH = \square AFED$

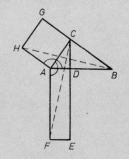

denn wenn die Hälften gleich sind, so sind auch die Ganzen gleich.

5b Dreieck — Hinführung zum Text

Lehrsatz des Pythagoras

Zeichne ein rechtwinkliges Dreieck ABC aus $a = 4$ cm und $b = 3$ cm. Errichte auf den Seiten die Quadrate und teile sie durch parallele Linien in cm² ein. Vergleiche die Quadrate der Katheten mit den Hypotenusenquadraten.

Das ist eine Aufgabe.

Worin besteht die Aufgabe?

Man soll ein rechtwinkliges Dreieck _____ , auf | zeichnen
seinen Seiten Quadrate _____ und die Kathe- | errichten
tenquadrate mit dem Hypotenusenquadrat _____ . | vergleichen

Vergleicht man die Katheten- und Hypotenusenquadrate, so sieht man: $a^2 + b^2 = c^2$.

Anders gesagt:
Vergleicht man die Katheten- und Hypotenusenquadrate, so kommt man zu der Erkenntnis: $a^2 + b^2 = c^2$.

Übersetzt man diese Gleichung in Worte, so erhält man den Satz:

Im rechtwinkligen Dreieck ist die Summe der Kathetenquadrate gleich dem Hypotenusenquadrat.

Dieser Satz gilt für alle _____ | rechtwinkligen
_____ . | Dreiecke

Man nennt einen Satz, der allgemein gilt, einen Lehrsatz.

Ein Lehrsatz beschreibt eine Erkenntnis.

Der Beweis zeigt, ob die Erkenntnis richtig ist.

5b Dreieck — Text

Lehrsatz des Pythagoras

Aufgabe: Zeichne ein rechtwinkliges Dreieck ABC aus a = 4 cm und b = 3 cm. Errichte auf den Seiten die Quadrate und teile sie durch parallele Linien in cm² ein. Vergleiche die Quadrate der Katheten mit den Hypotenusenquadraten.

Erkenntnis:

$$a^2 = 16 \text{ cm}^2$$
$$b^2 = 9 \text{ cm}^2$$
$$\overline{a^2 + b^2 = 25 \text{ cm}^2}$$
$$c^2 = 25 \text{ cm}^2$$

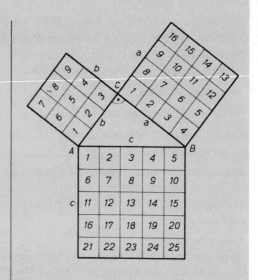

Lehrsatz: *Im rechtwinkligen Dreieck ist die Summe der Kathetenquadrate gleich dem Hypotenusenquadrat.*

$$\boxed{a^2 + b^2 = c^2}$$

Beweis: Nach dem Lehrsatz von Euklid ist

$$a^2 = c \cdot p$$
$$b^2 = c \cdot q$$
$$\overline{a^2 + b^2 = c \cdot p + c \cdot q}$$
$$c \cdot q + c \cdot p = c^2$$
$$a^2 + b^2 = c^2$$

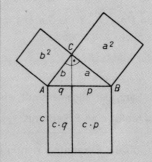

Der entsprechende Lehrsatz für das schiefwinklige Dreieck ist kaum von Bedeutung, da er in der Praxis durch den einfacheren Kosinussatz ersetzt wird.

5b Dreieck — Text

Seitenhalbierende (Schwerelinien)

Aufgabe: Zeichne ein Dreieck und verbinde seine Ecken mit den Mitten der entsprechenden Gegenseiten. Welche Besonderheit tritt auf? Miß die Abschnitte der sich schneidenden Verbindungslinien.

Erkenntnis: Die Verbindungslinien schneiden sich in einem Punkte (S). Es ist

$\overline{AS} = 2 \cdot \overline{ES}$
$\overline{BS} = 2 \cdot \overline{FS}$
$\overline{CS} = 2 \cdot \overline{DS}$

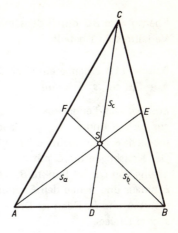

Erklärung: Man nennt

$\overline{AE} = s_a$ = Seitenhalbierende von a
$\overline{BF} = s_b$ = Seitenhalbierende von b
$\overline{CD} = s_c$ = Seitenhalbierende von c
S = Schwerpunkt des Dreiecks.

Lehrsatz: Die drei Seitenhalbierenden (Schwerelinien) eines Dreiecks schneiden sich in einem Punkte, dem Schwerpunkt S. Der Schwerpunkt ist von den Seitenmitten halb so weit entfernt wie von den gegenüberliegenden Ecken. (Der Schwerpunkt teilt die Seitenhalbierenden im Verhältnis $2:1$.)

Beweis: Die Punkte D und E halbieren die Seiten $\overline{AS}$ und $\overline{BS}$, die Strecke $\overline{DE}$ ist deshalb Mittelparallele im Dreieck ABS und $\overline{GF}$ Mittelparallele im Dreieck ABC. Es gilt:

$\overline{GF} + \overline{DE} = \overline{AB}$ und
$\overline{GF} = \overline{DE} = \frac{1}{2} \overline{AB}$

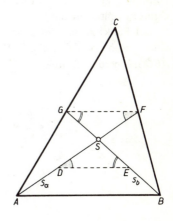

Nun ist $\triangle DES \cong \triangle FGS$ (wsw)
weil $\overline{GF} = \overline{DE}$
$\sphericalangle GFS = \sphericalangle SDE$ ⎱ Wechselwinkel
$\sphericalangle FGS = \sphericalangle DES$ ⎰ an Parallelen

Daraus folgt $\overline{FS} = \overline{DS}$

5b Dreieck — Text

Da D die Mitte von $\overline{AS}$ ist, so ist
$$\overline{AS} = 2 \cdot \overline{FS}$$
Ebenso wird $\overline{BG}$ durch denselben Teilpunkt S im Verhältnis $2:1$ geteilt.

Beispiel [1]: Zeichne ein Dreieck aus $a = 5{,}3$ cm, $h_c = 3{,}8$ cm, $s_c = 4$ cm.

Lösung: Das Teildreieck DEC ist konstruierbar aus h_c, $\measuredangle R$ und s_c. Es sind dabei zwei Lösungen möglich; E kann rechts oder links von D liegen. Der Kreisbogen um C mit a schneidet die Verlängerung von $\overline{DE}$ im Punkte B. Verdopple $\overline{EB}$ über E hinaus und nenne den Endpunkt A. Verbinde C mit A und B. Dann ist Dreieck ABC das gesuchte Dreieck.

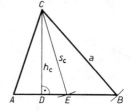

Beispiel [2]: Zeichne ein Dreieck aus $s_b = 5{,}4$ cm, $s_c = 4{,}8$ cm, $h_b = 4{,}9$ cm.

Lösung: Das Teildreieck BEF ist konstruierbar aus h_b, $\measuredangle R$ und s_b. Der Kreisbogen um B mit $\frac{2}{3}$ schneidet $\overline{BF}$ in S. Der Kreisbogen um S mit $\frac{2}{3} s_c$ schneidet die Verlängerung von $\overline{FE}$ im Punkte C. Verbinde C mit B. Der Kreisbogen um C mit s_c schneidet die Verlängerung von $\overline{CS}$ in D. Der Punkt A liegt im Schnittpunkt der Verlängerungen von $\overline{CF}$ und $\overline{BD}$. Dann ist Dreieck ABC das gesuchte Dreieck.

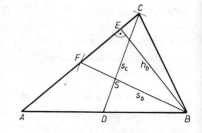

5b Dreieck — Übungen

Beispiel: Was ist ein von einem Punkt ausgehender Strahl?

Ein Strahl, der _von einem Punkt ausgeht._

Was ist ...

1. ein von einem Punkt ausgehender Strahl?

   Ein Strahl, der _____ .

2. ein im ersten Quadranten liegender Punkt?

   Ein Punkt, _____ .

3. eine durch einen Punkt gehende Gerade?

   Eine Gerade, _____ .

4. die dem rechten Winkel gegenüberliegende Seite?

   Die Seite, _____ .

5. die dem Punkt *C* gegenüberliegende Seite?

   Die Seite, _____ .

6. eine einen Winkel halbierende Gerade?

   Eine Gerade, _____ .

7. ein von einer Ecke eines Dreiecks ausgehender Strahl?

   Ein Strahl, _____ .

Was sind ...

8. zwei senkrecht aufeinander stehende Geraden?

   Zwei Geraden, _____ .

9. die den rechten Winkel bildenden Seiten?

   Die Seiten, _____ .

10. zwei von einem Punkt ausgehende Strahlen?

    Zwei Strahlen, _____ .

5b Dreieck — Lösungen zu den Übungen

Beispiel: Was ist ein von einem Punkt ausgehender Strahl?

Ein Strahl, der *von einem Punkt ausgeht.*

Was ist ...

1. ein von einem Punkt ausgehender Strahl?

    Ein Strahl, der *von einem Punkt ausgeht.*

2. ein im ersten Quadranten liegender Punkt?

    Ein Punkt, *der im ersten Quadranten liegt.*

3. eine durch einen Punkt gehende Gerade?

    Eine Gerade, *die durch einen Punkt geht.*

4. die dem rechten Winkel gegenüberliegende Seite?

    Die Seite, *die dem rechten Winkel gegenüberliegt.*

5. die dem Punkt C gegenüberliegende Seite?

    Die Seite, *die dem Punkt C gegenüberliegt.*

6. eine einen Winkel halbierende Gerade?

    Eine Gerade, *die einen Winkel halbiert.*

7. ein von einer Ecke eines Dreiecks ausgehender Strahl?

    Ein Strahl, *der von einer Ecke eines Dreiecks ausgeht.*

Was sind ...

8. zwei senkrecht aufeinander stehende Geraden?

    Zwei Geraden, *die senkrecht aufeinander stehen.*

9. die den rechten Winkel bildenden Seiten?

    Die Seiten, *die den rechten Winkel bilden.*

10. zwei von einem Punkt ausgehende Strahlen?

    Zwei Strahlen, *die von einem Punkt ausgehen.*

5b Dreieck — Lernkontrolle

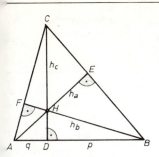

Fällt man von den _____ eines Dreiecks die Lote auf die Gegenseiten, oder anders gesagt, errichtet man die _____, so schneiden sich diese in einem _____.
Dieser Punkt ist der Höhenschnittpunkt.

Ecken

Höhen
Punkt

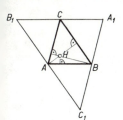

Beweis: Die Parallelen zu den Gegenseiten durch die Ecken bilden das _____ ___ ___ ___ .
In diesem Dreieck sind die Seiten des Dreiecks ABC die Mittelparallelen.
Die Punkte ___, ___, ___ liegen deshalb in der Mitte der Seiten des Dreiecks ___ ___ ___ .
Die Höhen des Dreiecks _____ sind in dem Dreieck ___ ___ ___ die Mittelsenkrechten, und daher schneiden sie sich in einem Punkte.

Liegt der Höhenschnittpunkt innerhalb des Dreiecks, so ist das Dreieck _____ .
Liegt der Höhenschnittpunkt außerhalb des Dreiecks, so handelt es sich um ein _____ Dreieck.

Dreieck $A_1 B_1 C_1$

$A\ B\ C$
$A_1 B_1 C_1$

$A_1 B_1 C_1$

spitzwinklig

stumpfwinkliges

5b Dreieck — Lernkontrolle

Liegt der Höhenschnittpunkt im _____ des rechten Winkels, so handelt es sich um ein rechtwinkliges Dreieck.	Scheitelpunkt

6a Vier- und Vielecke

6a Vier- und Vielecke

Das ist ein Viereck. Das ist das _____ ABCD.	Viereck
Ein Viereck hat vier _____ (a, b, c, d).	Seiten
Je zwei Seiten schneiden sich in den vier _____ A, B, C und D.	Ecken
Das ist das _____ ABCD.	Viereck
e ist eine Diagonale. Diese Diagonale verbindet die gegenüberliegenden Ecken ____ und ____ .	A C
f ist auch eine _____ .	Diagonale
Diese Diagonale _____ die Gegenecken B und D.	verbindet
Die Diagonale e zerlegt das Viereck ABCD in zwei Dreiecke. Die _____ e zerlegt das Viereck ABCD in die Dreiecke ABC und ACD.	Diagonale
Die Diagonale f _____ das Viereck ABCD in die Dreiecke _____ und _____ .	zerlegt ABD | BCD

6a Vier- und Vielecke

Das ist ein Trapez.

In diesem Trapez sind zwei Seiten _____ . | parallel

Diese beiden Gegenseiten sind nicht _____ . | gleich

Ein Viereck, bei dem zwei Gegenseiten parallel sind, heißt

_____ . | Trapez

Das ist ein _____ . | Trapez

Die Seiten *b* und *d* heißen die Schenkel des Trapezes.

h ist die Höhe im _____ . | Trapez

m ist die Mittellinie.

Die Mittellinie *m* geht durch die _____ der | Mitten

Schenkel.

Das ist ein Parallelogramm.

Bei einem Parallelogramm sind je zwei Seiten gleich und

_____ . | parallel

Ein Viereck, bei dem je zwei Seiten gleich und parallel sind,

ist also ein _____ . | Parallelogramm

6a Vier- und Vielecke

Im Parallelogramm sind je zwei Gegenseiten _g_____ . — gleich

Die beiden Diagonalen zerlegen das _____ — Parallelogramm
in je zwei gleiche Dreiecke.

Das ist ein Viereck.
Es hat vier _____ Winkel. — rechte
Deshalb heißt es Rechteck.
Bei einem Rechteck sind je zwei gegenüberliegende _____ — Seiten
gleich.
Ein Viereck mit rechten Winkeln, bei dem je zwei Gegenseiten
gleich sind, ist also ein _____ . — Rechteck

Im _____ sind die Diagonalen gleich. — Rechteck
Sie _____ das Rechteck in zwei gleiche — zerlegen
Dreiecke.

5a Vier- und Vielecke

Das ist ein Rhombus.

Seine vier Seiten sind _____ . | gleich

Ein Viereck, dessen vier Seiten gleich sind, wird also als _____ bezeichnet. | Rhombus

Für „Rhombus" sagt man auch „Raute".

Eine Raute ist also ein Viereck, dessen _____ gleich sind. | Seiten

Die Diagonalen zerlegen einen _____ in je zwei gleiche Dreiecke. | Rhombus

Das ist ein Quadrat.

Ein Quadrat ist ein Viereck, das vier _____ Winkel hat und dessen _____ gleich sind. | rechte
Seiten

Ein Viereck, das vier gleiche Winkel und vier gleiche Seiten hat, ist also ein _____ . | Quadrat

6a Vier- und Vielecke

Das ist ein _____ . Quadrat
Das Quadrat ist eine ebene Figur.

Das ist eine Pyramide.
Die Pyramide ist keine ebene Figur.

Ein Rechteck ist eine ebene _____ mit vier Ecken. Figur
Ein Fünfeck ist eine ebene _____ mit fünf Ecken. Figur
Ein Sechseck ist eine ebene Figur mit _____ Ecken. sechs
Eine ebene Figur mit acht Ecken heißt _____*eck*_____ . Acht
Ein _____ ist eine ebene Figur mit zwölf Ecken. Zwölfeck
Ein *n*-Eck ist eine Figur mit *n* _____ . Ecken
Eine Figur mit vielen Ecken heißt Vieleck.
Für „Vieleck" sagt man auch „Polygon".

Das ist ein regelmäßiges Sechseck.
Seine Winkel sind _____ . gleich
Seine Seiten sind _____ . gleich

6a Vier- und Vielecke

Ein Vieleck heißt also regelmäßig, wenn seine Seiten und Winkel _____ sind.	gleich
▢ Das ist ein _____ Viereck.	regelmäßiges
▭ Ist dieses Viereck regelmäßig? ja nein Es ist _un_____, denn seine _____ sind nicht gleich.	nein regelmäßig Seiten

6a Vier- und Vielecke — Lernkontrolle

Wiederholen Sie auf Seite ↓

1. Im _____ beträgt die Winkelsumme 360°.	Viereck	234
2. Eine _____ zerlegt ein Viereck in zwei Dreiecke.	Diagonale	234
3. Die Mittellinie eines Trapezes halbiert seine beiden _____ .	Schenkel	235
4. Sind bei einem Viereck die Seiten parallel, so handelt es sich um ein _____ .	Parallelogramm	235
5. Ein Viereck mit rechten Winkeln heißt _____ .	Rechteck	236
6. Ein Rhombus ist ein Viereck, das _____ gleiche Seiten hat.	vier	237
7. Ein Viereck mit _____ _____ und _____ Seiten ist ein Quadrat.	rechten Winkeln gleichen	237
8. Sind in einem Viereck die Winkel gleich, so handelt es sich um ein _____ oder um ein _____ .	Quadrat Rechteck	237 236
9. Ein Vieleck heißt _____ , wenn seine Seiten und Winkel gleich sind.	regelmäßig	238
10. Ein Trapez ist ein _____ Viereck.	unregelmäßiges	239

6a Vier- und Vielecke — Hinführung zum Text

Trapez

Das sind zwei ungleich lange, parallele _____ .	Strecken.
A und B, beziehungsweise C und D sind die _____ dieser Strecken.	Endpunkte
Verbindet man diese Endpunkte miteinander, so entsteht ein _____ .	Trapez
b und d sind die _____ des Trapezes.	Schenkel
h ist die _____ .	Höhe
_____ ist die Mittellinie.	m
Man nennt die Mittellinie auch Mittelparallele.	
Das ist ein _____ .	Trapez
Zeichnet man die Mittellinie ein, so kommt man zu der Erkenntnis:	
$\overline{DE}$ und $\overline{EA}$ sind _____ .	gleich
Auch $\overline{CF}$ und $\overline{FB}$ sind _____ .	gleich

6a Vier- und Vielecke — Hinführung zum Text

Die Mittellinie, auch Mittelparallele genannt, _____ also die Schenkel.	halbiert
Die Mittelparallele halbiert jede Strecke, deren Endpunkte auf zwei Parallelen liegen. Die Schenkel des Trapezes sind Strecken, deren _____ auf zwei Parallelen, den Grundseiten liegen. Daraus folgt, daß die Mittellinie eines Trapezes beide _____ halbiert.	Endpunkte Schenkel
Die Mittellinie ist die Verbindungslinie zwischen den Punkten _____ und _____ . Diese sind die Mitten der _____ des Trapezes. Die Mittelparallele halbiert die *H*_____ des Trapezes. Sie verläuft _____ zu den Grundseiten. Die Mittelparallele verläuft also in halber Höhe _____ zu den Grundseiten. Deshalb _____ sie die beiden Diagonalen des Trapezes.	E | F Schenkel Höhe parallel halbiert

6a Vier- und Vielecke — Text

Trapez

Verbindet man die Endpunkte zweier ungleicher paralleler Strecken, so entsteht ein Trapez.

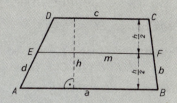

Man nennt:

b und d = Schenkel
  h = Höhe (Abstand der Parallelen)
  m = Mittellinie (Mittelparallele).

Ein Trapez mit gleichen Schenkeln heißt gleichschenkliges Trapez ($b = d$).

Aufgabe: Zeichne in ein Trapez die Mittellinie; miß und vergleiche die entstehenden Abschnitte auf den Schenkeln.

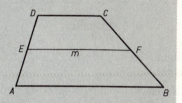

Erkenntnis: $\overline{DE} = \overline{EA}$
  $\overline{CF} = \overline{FB}$

Lehrsatz [1]: *Die Mittellinie eines Trapezes halbiert beide Schenkel.*

Umkehrung: Die Verbindungslinie der Schenkelmitten eines Trapezes verläuft in halber Höhe parallel zu den Grundseiten.

Folgerung: Die Mittelparallele halbiert beide Diagonalen.

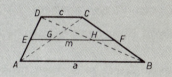

$\overline{AG} = \overline{GC}$ und $\overline{DH} = \overline{HB}$

Aufgabe: Zeichne in ein Trapez die Mittellinie und vergleiche ihre Länge mit der halben Summe beider Parallelen (Grundseiten).

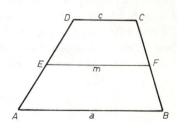

Erkenntnis: $m = \dfrac{a + c}{2}$

Lehrsatz [2]: *Die Mittellinie eines Trapezes ist gleich der halben Summe beider Grundseiten.*

6a Vier- und Vielecke — Text

Voraussetzung: ABCD ist ein Trapez
$\overline{EF}$ ist Mittelparallele

Behauptung: $\overline{EF} = \frac{a+c}{2}$

Beweis: Zieht man $\overline{KL} \parallel \overline{AD}$, so ist
△ KBF ≅ △ CLF (wsw)

folglich ist $\overline{KB} = \overline{CL}$

und $\overline{AK} = \overline{DL} = \overline{EF}$

oder $\overline{EF} = \frac{\overline{AK} + \overline{DC}}{2}$

$= \frac{\overline{AK} + (a-m) + \overline{DL} - (a-m)}{2}$

$= \frac{\overline{AB} + \overline{DC}}{2}$

und $m = \frac{a+c}{2}$

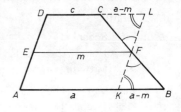

Aufgabe: Zeichne ein Trapez und miß die Winkel an den Schenkeln.

Erkenntnis: $\left. \begin{array}{l} \alpha + \delta = 180° \\ \beta + \gamma = 180° \end{array} \right\} 360°$

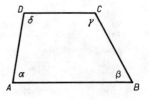

Lehrsatz [3]: *Die Winkel an den Schenkeln eines Trapezes betragen zusammen 180°.*

Beweis: Es sind entgegengesetzte Winkel an Parallelen.

Um ein Trapez zu zeichnen, benötigt man 4 Stücke.

Grund: Man kann ein Trapez in 2 Dreiecke zerlegen (I und II), für die zusammen 6 Stücke nötig sind. Ein Winkel (α und β = Wechselwinkel) und eine Seite (e) sind bei beiden Dreiecken immer gleich. Es sind also nur 4 Stücke erforderlich.

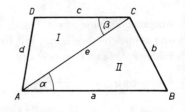

6a Vier- und Vielecke — Text

Beispiel: Zeichne ein gleichschenkliges Trapez aus $c = 4{,}3$ cm, $e = 6{,}3$ cm, $m = 4{,}8$ cm.

Lösung: Aus c und m folgt $a = 2m - c$. Zeichne $\overline{AB} = a$ und halbiere diese Strecke in E.

Punkt C liegt

1. auf der Senkrechten auf $\overline{AB}$ im Abstande $c/2$ von Punkt E,
2. auf dem Kreisbogen um A mit e.

Punkt D liegt

1. auf der Parallelen zu $\overline{AB}$ durch C,
2. auf dem Kreisbogen um C mit c.

Verbinde A mit D und B mit C.

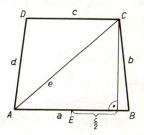

6a Vier- und Vielecke — Text

Flächenverwandlung

Eine Figur verwandeln heißt, die Form der Figur unter Beibehaltung des Flächeninhaltes verändern.

Lehrsatz: *Jedes Dreieck ist gleich einem Parallelogramm mit gleicher Grundseite und halber Höhe.*

△ ABC = ▭ ABDE

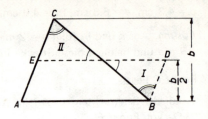

Beweis: △ I ≅ △ II (wsw).

Lehrsatz: *Jedes Dreieck ist gleich einem Parallelogramm mit gleicher Höhe und halber Grundseite.*

△ ABC = ▭ ADEC

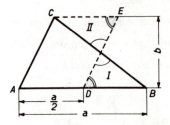

Beweis: △ I ≅ △ II (wsw).

Dreiecke können auch flächengleich sein, ohne daß Grundlinie und Höhe gleich sind. Damit das Produkt ($a \cdot h$) gleich bleibt, muß man die Grundlinie und die Höhe verändern.

Beispiel: Verwandle ein gegebenes Dreieck in ein anderes mit größerer Grundlinie $\overline{AB'}$.

Lösung: Verlängere die Grundseite $\overline{AB}$ über B hinaus um die verlangte Größe bis B'. Verbinde B' mit C. Die Parallele zu $\overline{B'C}$ durch B schneidet $\overline{AC}$ in C'. Verbinde C mit B'.

Es ist dann △ ABC = △ AB'C'.

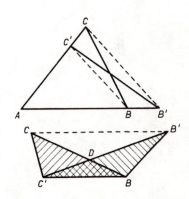

Beweis: △ C'BC = △ C'BB'

Grundseite und Höhe sind gleich,

daraus folgt △ C'DC = △ B'BD.

6a Vier- und Vielecke — Übungen

Übung 1

Verwenden Sie bitte in der Antwort die Vorsilbe „un-"!

Beispiel: Ist die Zahl 3 eine gerade Zahl?
  Nein, sie ist *ungerade* .

1. Sind die Grundseiten eines Trapezes gleich?
   Nein, sie sind _____ . — ungleich
2. Ist der Wert eines Bruches nach dem Erweitern verändert?
   Nein, er ist _____ . — unverändert
3. Ist in der Gleichung $4a + 2x = 5b$ x bekannt?
   Nein, x ist _____ . — unbekannt
4. Schneiden sich Parallelen im Endlichen?
   Nein, sie schneiden sich im _____ . — Unendlichen
5. Ist ein Trapez ein regelmäßiges Viereck?
   Nein, es ist ein _____ Viereck. — unregelmäßiges
6. Ist ein rechtwinkliges Dreieck ein gleichseitiges Dreieck?
   Nein, ein _____ . — ungleichseitiges
7. Ist ein Strahl auf beiden Seiten begrenzt?
   Nein, er ist auf einer Seite _____ . — unbegrenzt
8. Ist in der Funktion $y = x^2$ x die abhängig Veränderliche?
   Nein, x ist die _____ Veränderliche. — unabhängig

Übung 2

Ergänzen Sie bitte!

1. Zwei Parallelen schneiden sich im _____ . — Unendlichen
2. Eine Strecke ist auf beiden Seiten _____ . — begrenzt
3. Die Grundseiten eines Trapezes sind _____ . — ungleich
4. Ein Rhombus ist ein _____ Viereck. — gleichseitiges
5. In der Funktion $y = 2x$ ist y die _____ Veränderliche. — abhängig
6. Beim Kürzen bleibt der Wert eines Bruches _____ . — unverändert

6a Vier- und Vielecke — Lernkontrolle

Ein ebenes n-Eck wird gebildet durch n in einer Ebene liegende Punkte, die _____ des n-Ecks. Ihre Verbindungsstrecken heißen _____ . n-Ecke sind _____ , wenn ihre Seiten und Winkel gleich sind.	Ecken Seiten regelmäßig
Das ist ein _____ Viereck.	unregelmäßiges
Zwei Gegenseiten sind _____ und _____ .	parallel ungleich
Die beiden anderen _____ sind nicht _____ und nicht parallel.	Seiten | gleich
Es handelt sich also um ein _____ .	Trapez
Die nichtparallelen Seiten sind die _____ .	Schenkel
Ein Trapez ist _____ , wenn seine Schenkel gleich sind.	gleichschenklig
Die Schenkel werden von der _____ halbiert, denn jede Mittelparallele halbiert die Strecken, deren _____ auf den Parallelen liegen.	Mittellinie Endpunkte
Deshalb halbiert die Mittellinie auch die _____ und die _____ im Trapez.	Höhe Diagonalen
Für die Länge der Mittellinie gilt, daß sie gleich der halben _____ beider Grundseiten ist.	Summe

6b Kreis

6b Kreis

Das ist ein Kreis.
M ist der Mittelpunkt des Kreises.

Das ist ein _____ . Kreis
M ist der _____ dieses Kreises. Mittelpunkt
r ist der Radius des Kreises.
Man nennt den Radius auch Halbmesser.

Der Umfang des Kreises beträgt $2r\pi$.
Man nennt den Umfang auch Peripherie.
$U = 2r\pi$
Mit der Formel $U = 2r\pi$ läßt sich der _U_____ des Umfang
Kreises berechnen.

Das ist ein _____ . Kreis
M ist sein _____ . Mittelpunkt
r ist sein _____ . Radius/Halbmesser
U ist der _____ des Kreises. Umfang

6b Kreis

Der Radius r ist die kürzeste Verbindung zwischen dem _____ und einem Punkt auf dem _____ des Kreises.	Mittelpunkt Umfang
Alle Punkte, die von einem gegebenen Punkt M den gleichen Abstand haben, liegen auf dem _____ eines Kreises.	Umfang

$\overset{\frown}{AB}$ ist ein Kreisbogen.

A und B sind die Endpunkte dieses _____.	Kreisbogens
Der _____ $\overset{\frown}{AB}$ ist ein Teil des Kreisumfangs.	Kreisbogen

s ist eine Sehne.

Die Endpunkte dieser _____ liegen auf dem Kreisumfang.	Sehne
Die Sehne ist also die kürzeste Verbindung zwischen zwei Punkten auf dem _____.	Kreisumfang
Die _____ ist eine Strecke.	Sehne
Die Sehne ist also eine Strecke, deren _____ auf dem Kreisumfang liegen.	Endpunkte
$\overline{AB}$ ist eine _____.	Sehne
$\overset{\frown}{AB}$ ist ein _____.	Kreisbogen

6b Kreis

Ist g_1 eine Sehne?

ja	
nein	nein

Warum nicht?

Eine Sehne ist eine _____, deren Endpunkte auf dem Kreisumfang liegen.	Strecke
g_1 _____ den Kreis in den Punkten A und B.	schneidet
g_1 ist eine Sekante.	
Eine Gerade, die einen Kreis in zwei Punkten schneidet, heißt _____ .	Sekante
Eine _____ ist also eine Gerade, die einen Kreis in zwei Punkten schneidet.	Sekante

$\overline{AB}$ ist eine _____ .	Sehne
Sie teilt den Kreis in zwei Abschnitte.	
Ein Kreisabschnitt wird begrenzt von einer _____ und dem zugehörigen _____ .	Sehne Kreisbogen
Ein _____ ist also ein Teil des Kreises, der von einer Sehne und dem zugehörigen Kreisbogen begrenzt wird.	Kreisabschnitt
Für „Kreisabschnitt" sagt man auch „Kreissegment".	

6b Kreis

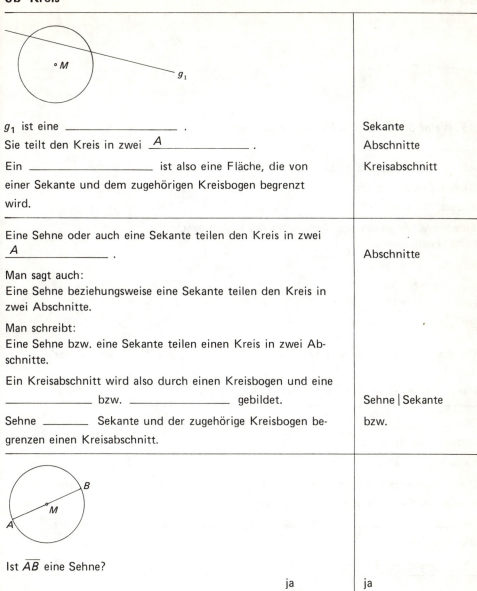

g_1 ist eine _____ . | Sekante
Sie teilt den Kreis in zwei A_____ . | Abschnitte
Ein _____ ist also eine Fläche, die von | Kreisabschnitt
einer Sekante und dem zugehörigen Kreisbogen begrenzt
wird.

Eine Sehne oder auch eine Sekante teilen den Kreis in zwei
A_____ . | Abschnitte

Man sagt auch:
Eine Sehne beziehungsweise eine Sekante teilen den Kreis in zwei Abschnitte.

Man schreibt:
Eine Sehne bzw. eine Sekante teilen einen Kreis in zwei Abschnitte.

Ein Kreisabschnitt wird also durch einen Kreisbogen und eine
_____ bzw. _____ gebildet. | Sehne | Sekante
Sehne _____ Sekante und der zugehörige Kreisbogen be- | bzw.
grenzen einen Kreisabschnitt.

Ist $\overline{AB}$ eine Sehne?

ja
nein | ja

6b Kreis

$\overline{AB}$ ist eine Strecke, deren Endpunkte auf dem _____ liegen.	Kreisumfang
$\overline{AB}$ ist also eine _____ .	Sehne
Diese Sehne geht durch den _____ des Kreises.	Mittelpunkt
Eine Sehne, die durch den Mittelpunkt des Kreises geht, heißt Durchmesser.	
Es gilt:	
$\overline{AB} = 2r$	
oder	
$\frac{\overline{AB}}{2} = r$	
Der Radius r ist halb so groß wie der _____ $\overline{AB}$.	Durchmesser
oder:	
Der Durchmesser ist doppelt so groß wie der Radius.	
Der _____ ist die Sehne, die durch den Mittelpunkt des Kreises geht.	Durchmesser
Er teilt den Kreis in zwei _____ Abschnitte.	gleiche
Diese Abschnitte werden von dem _____ und den beiden zugehörigen Kreisbögen begrenzt.	Durchmesser
Der _____ ist doppelt so groß wie der Radius, bzw. der _____ ist halb so groß wie der _____ .	Durchmesser Radius Durchmesser

6b Kreis

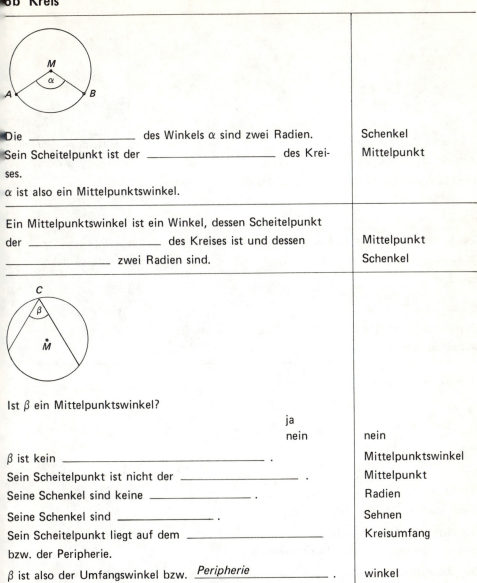

Die _____ des Winkels α sind zwei Radien.	Schenkel
Sein Scheitelpunkt ist der _____ des Kreises.	Mittelpunkt
α ist also ein Mittelpunktswinkel.	
Ein Mittelpunktswinkel ist ein Winkel, dessen Scheitelpunkt der _____ des Kreises ist und dessen _____ zwei Radien sind.	Mittelpunkt Schenkel

Ist β ein Mittelpunktswinkel?
    ja
    nein
	nein

β ist kein _____ .	Mittelpunktswinkel
Sein Scheitelpunkt ist nicht der _____ .	Mittelpunkt
Seine Schenkel sind keine _____ .	Radien
Seine Schenkel sind _____ .	Sehnen
Sein Scheitelpunkt liegt auf dem _____ bzw. der Peripherie.	Kreisumfang
β ist also der Umfangswinkel bzw. *Peripherie* _____ .	winkel
Man nennt Peripherie- bzw. Umfangswinkel auch Randwinkel.	

6b Kreis

α ist ein _____ .
β ist ein _U_____ .

Für Mittelpunktswinkel und Umfangswinkel über demselben Kreisbogen gilt:

α = 2β

Der Mittelpunktswinkel ist also doppelt so groß wie der
_U_____ .

bzw.:

β = α/2

Der Umfangswinkel ist _____ _____ groß wie der Mittelpunktswinkel.

	Mittelpunktswinkel
	Umfangswinkel
	Umfangswinkel
	halb so

Das ist ein _____ mit dem _____
α über dem Kreisbogen $\widehat{AB}$.
Der Mittelpunktswinkel α ist _____ _____
groß wie der entsprechende Umfangswinkel.
Der Umfangswinkel β ist _____ _____ groß _____
der Mittelpunktswinkel α.

	Kreis | Mittelpunktswinkel
	doppelt so
	halb so | wie

6b Kreis

Das ist ein Kreisausschnitt.
Dieser _____ wird gebildet aus den beiden Schenkeln des Mittelpunktswinkels und dem zugehörigen Kreisbogen.
Für „Kreisausschnitt" sagt man auch „Kreissektor".

Kreisausschnitt

Die Schenkel des Mittelpunktswinkels α und der zugehörige Kreisbogen begrenzen also den _____ .
Eine Sehne im Kreis und der zugehörige Kreisbogen begrenzen einen _____ .

Kreisausschnitt/Kreissektor

Kreisabschnitt

---

g_1 ist eine S_____ .
Sie schneidet den _____ in zwei Punkten.

Sekante
Kreisumfang

Ist g_2 eine Sekante?

ja
nein

nein

6b Kreis

Die Gerade g_2 schneidet den Kreis nicht in _____ Punkten, sie berührt den Kreis in einem Punkt.	zwei
Sie berührt den Kreis im Punkt ___.	T
T ist ihr Berührungspunkt.	
Eine Gerade, die einen Kreis in einem Punkt berührt, heißt Tangente.	

g_1 ist eine _____.	Tangente
Sie _____ den Kreis im Punkt T.	berührt
Der Punkt T ist der _____*punkt*.	Berührungs
Die kürzeste Verbindung zwischen dem Mittelpunkt M des Kreises und dem Berührungspunkt T ist der _____ des Kreises.	Radius
Man nennt diesen Radius den Berührungsradius. Er steht senkrecht auf der _____.	Tangente

Das ist ein Viereck.	
Seine vier Seiten sind _____ am Kreis mit dem Mittelpunkt M.	Tangenten
Sie _____ den Kreis in je einem Punkt.	berühren

6b Kreis

Ein Viereck, dessen Seiten Tangenten sind, ist ein Tangentenviereck.
Der Kreis mit dem Mittelpunkt M liegt in diesem
_Tangenten_____ . | viereck
Es handelt sich also um einen Inkreis.

Das ist ein _In_____ im Dreieck. | Inkreis
Die Seiten des Dreiecks _____ den Inkreis | berühren
in je einem Punkt.
Der Mittelpunkt des _____ ist der Schnittpunkt | Inkreises
der Winkelhalbierenden.

Handelt es sich hier um einen Inkreis?
                      ja
                      nein | nein
Es handelt sich hier nicht um einen _____ , | Inkreis
sondern um einen Umkreis.
Dieser Umkreis geht durch die _____ des Vier- | Ecken
ecks.

6b Kreis

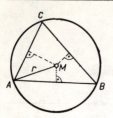

Das ist der _____ eines Dreiecks.
Er geht durch die _____ des Dreiecks.
Der Mittelpunkt des _____ ist der Schnittpunkt der Mittelsenkrechten.

Umkreis
Ecken
Umkreises

6b Kreis — Lernkontrolle

Wiederholen Sie auf Seite ↓

1. Ein Kreis mit dem Radius r hat den _____ $2r\pi$.	Umfang	250
2. Ein Teil des Kreisumfangs heißt _____ .	Kreisbogen	251
3. Eine Strecke, deren Endpunkte auf dem Kreisumfang liegen, heißt _____ .	Sehne	251
4. Eine Gerade, die einen Kreis in zwei Punkten schneidet, heißt _____ .	Sekante	252
5. Ein _____ wird von einer Sehne und dem zugehörigen Kreisbogen begrenzt.	Kreisabschnitt	252
6. Die Sehne, die durch den Mittelpunkt des Kreises geht, heißt _____ .	Durchmesser	254
7. Über dem Kreisbogen $\overset{\frown}{AB}$ ist der Umfangswinkel _____ so groß wie der Mittelpunktswinkel.	halb	256
8. Ein _____ wird durch die beiden Schenkel eines Mittelpunktswinkels und den zugehörigen Kreisbogen begrenzt.	Kreisausschnitt	257
9. Eine Gerade, die einen Kreis in einem Punkt berührt, heißt _____ .	Tangente	258
10. Der Schnittpunkt der Winkelhalbierenden eines Dreiecks ist der Mittelpunkt des _____ .	Inkreises	259

6b Kreis — Hinführung zum Text

Kreis und Tangente

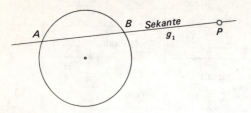

P ist ein Punkt außerhalb des _____ .　　　　Kreises
Durch P ist die Sekante g_1 gezeichnet.
Sie schneidet den Kreis in den _____ A und B.　　Punkten

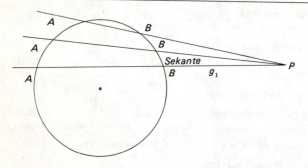

Verändert man die Lage der Sekante g_1, so ändert sich auch die Lage der Schnittpunkte A und B auf dem Kreisumfang.

Man kann die Lage der Sekante so verändern, daß die Schnittpunkte A und B in T zusammenfallen:

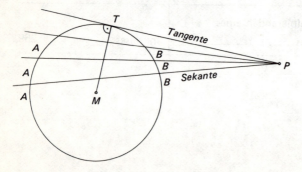

6b Kreis — Hinführung zum Text

Fallen die Schnittpunkte A und B in T zusammen, so _____ g_1 den Kreis in einem Punkt.	berührt
In diesem Fall wird g_1 _____ genannt.	Tangente

6b Kreis — Text

Kreis und Tangente

Zeichnet man Sekanten durch einen Punkt P außerhalb des Kreises, so verändern die Schnittpunkte mit dem Kreis dauernd ihre Lage. Fallen die Schnittpunkte zusammen, so berührt die Sekante nur noch den Kreis. Diese Lage ist zweimal möglich. Die Sekante wird in diesen beiden Fällen Tangente (Berührende) genannt. Von einem Punkt außerhalb des Kreises kann man immer zwei Tangenten an den Kreis legen.

Man nennt:

T = Berührungspunkt

$\overline{MT}$ = Berührungsradius

$\overline{PT}$ = Tangentenstrecke

α = Tangentenwinkel

Aufgabe: Miß den Winkel, den Tangente und Berührungsradius bilden.

Erkenntnis: Der Winkel ist 90°.

Lehrsatz [1]: *Der Berührungsradius steht senkrecht auf der Tangente.*

Folgerungen:

1. Das Lot vom Kreismittelpunkt auf die Tangente geht durch deren Berührungspunkt.

2. Die Senkrechte im Berührungspunkt einer Tangente geht durch die Kreismitte.

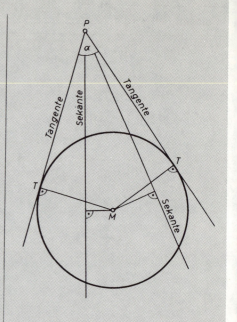

6b Kreis — Text

Grundkonstruktion [1]: Zeichne von einem gegebenen Punkt P an einen Kreis um M die Tangenten.

Lösung: Verbinde P mit M und halbiere diese Strecke in X. Um X zeichne den Kreis mit dem Radius $\overline{XP}$, der den Kreis um M in T_1 und T_2 schneidet. Verbinde T_1 und T_2 mit P.

Grundkonstruktion [2]: Zeichne an einen gegebenen Kreis in einem gegebenen Punkt T die Tangente.

Lösung: Verbinde T mit M und errichte in T auf $\overline{TM}$ die Senkrechte.

Aufgabe: Zeichne von einem Punkte P an einen Kreis die Tangenten und verbinde P mit dem Mittelpunkt. Miß und vergleiche alle auftretenden Strecken und Winkel.

Erkenntnis: $\overline{PT_1} = \overline{PT_2}$ und $\overline{T_1A} = \overline{AT_2}$
$\alpha_1 = \alpha_2$ und $\beta_1 = \beta_2$
$\sphericalangle PAT_1 = 90°$

Lehrsatz [2]: *Die von einem Punkte an einen Kreis gelegten Tangentenstrecken sind gleich. Die Verbindungslinie des Kreismittelpunktes mit dem Schnittpunkt zweier Tangenten halbiert den Tangentenwinkel und den Winkel zwischen den zugehörigen Berührungsradien. Die Verbindungslinie beider Berührungspunkte steht auf der Verbindungslinie des Kreismittelpunktes mit dem Tangentenschnittpunkt senkrecht.*

Beweis: $\triangle PT_1M \cong \triangle PT_2M$ (ssw)

Ortssatz [1]: *Die Mittelpunkte aller Kreise, die eine gegebene Gerade in einem festen Punkt berühren, liegen auf der Senkrechten im Berührungspunkt der Geraden.*

Beweis: Folgt aus Lehrsatz [1].

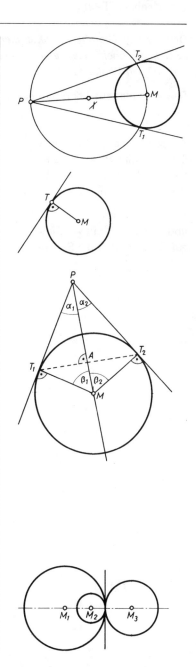

6b Kreis — Text

Ortssatz [2]: *Die Mittelpunkte aller Kreise, die zwei sich schneidende Geraden berühren, liegen auf den Winkelhalbierenden.*

Beweis: Folgt aus Lehrsatz [2].

Beispiel: Gegeben ist eine Gerade g und auf ihr der Punkt P. Außerdem ein nicht auf der Geraden liegender Punkt A. Zeichne den Kreis, der P berührt und durch A geht.

Lösung: Errichte auf g in P die Senkrechte und verbinde P mit A. Die Mittelsenkrechte auf $\overline{PA}$ schneidet die Senkrechte in M.

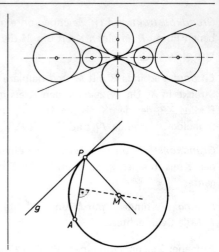

6b Kreis — Text

Die Winkel im Kreis

Aufgabe: Zeichne in einem Kreis über dem Bogen $\widehat{AB}$ den Mittelpunkts- und den Umfangswinkel. Miß und vergleiche beide Winkel.

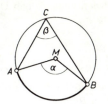

Erkenntnis: $\beta = \frac{\alpha}{2}$

Lehrsatz [1]: *Der Umfangswinkel ist halb so groß wie der Mittelpunktswinkel.*

Beweis: Die vielen Möglichkeiten lassen sich in 3 Gruppen teilen:

1. Der Mittelpunkt liegt auf einem der Schenkel.
2. Der Mittelpunkt liegt zwischen den Schenkeln.
3. Der Mittelpunkt liegt außerhalb der Schenkel des Umfangswinkels.

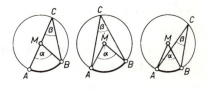

Beweis zu 2: $\triangle AMC$ und $\triangle BMC$ sind gleichschenklig, daher ist

$$\left.\begin{array}{r}\alpha_1 = 2\beta_1 \\ \alpha_2 = 2\beta_2\end{array}\right\}\text{ der Außenwinkel ist doppelt so groß wie ein Basiswinkel}$$

$$\overline{\alpha_1 + \alpha_2 = 2(\beta_1 + \beta_2)}$$
$$\alpha = 2\beta$$
$$\beta = \frac{\alpha}{2}$$

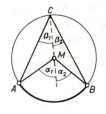

Aufgabe: Zeichne über demselben Kreisbogen $\widehat{AB}$ mehrere Umfangswinkel. Miß und vergleiche sie.

Erkenntnis: $\beta_1 = \beta_2 = \beta_3$.

Lehrsatz [2]: *Umfangswinkel über demselben Bogen sind gleich.*

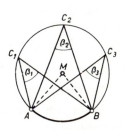

Beweis: Da alle Randwinkel nur einen Mittelpunktswinkel haben, müssen sie alle halb so groß wie dieser und damit gleich sein.

Folgerung: Der Umfangswinkel im Halbkreis ist ein rechter (Lehrsatz des Thales).

Beweis: Der zugehörige Mittelpunktswinkel ist $180°$.

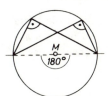

6b Kreis — Text

Aufgabe: Zeichne an einen Kreis einen Sehnentangentenwinkel und den zugehörigen Umfangswinkel. Miß und vergleiche sie.

Erkenntnis: α = β.

Lehrsatz [3]: *Jeder Sehnentangentenwinkel ist gleich dem Umfangswinkel über dem zwischen seinen Schenkeln liegenden Bogen.*

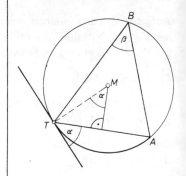

Beweis: 1. Der Sehnentangentenwinkel kann als Umfangswinkel über dem Bogen $\widehat{TA}$ angesehen werden.

2. Die Mittelsenkrechte auf $\overline{AT}$ bildet mit $\overline{TM}$ den ∡ α. Nach Lehrsatz [1] ist α = β.

Ortssatz: *Die Scheitel aller Winkel von gegebener Größe β, deren Schenkel durch 2 feste Punkte A und B gehen, liegen auf dem Kreisbogenpaar, in dem $\overline{AB}$ Sehne und ∡ β Umfangswinkel ist.*

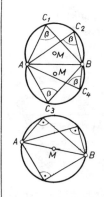

Beweis: Folgt aus Lehrsatz [2].

Folgerung: *Die Scheitel aller rechten Winkel, deren Schenkel durch zwei feste Punkte A und B gehen, liegen auf dem Kreis mit dem Durchmesser $\overline{AB}$ (s. Lehrsatz [2]).*

Grundkonstruktion: Zeichne den Kreisbogen (Ortskreis), in dem $\overline{AB}$ = 5 cm Sehne und ∡ β = 65° der zugehörige Umfangswinkel ist.

Lösung: Der Mittelpunkt des Kreisbogens liegt:

1. auf der Mittelsenkrechten der Sehne $\overline{AB}$,

2. auf dem freien Schenkel des zu 90° ergänzten Sehnentangentenwinkels.

Zeichne zunächst die Mittelsenkrechte auf $\overline{AB}$ und trage in A an $\overline{AB}$ den ∡ β an. Die Senkrechte in A auf dem freien Schenkel des ∡ β schneidet die Mittelsenkrechte in M.

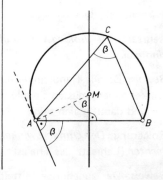

6b Kreis — Übungen

Übung 1

Ergänzen Sie bitte die Relativpronomen „der" bzw. „dessen"!

Beispiel: Was ist ein rechter Winkel?
    Ein Winkel, _der_ 90° beträgt.
    Ein Winkel, _dessen_ Schenkel senkrecht aufeinander stehen.

1. Was ist ein stumpfer Winkel?
   Ein Winkel, _____ größer als 90° ist.   der

2. Was ist der Umkreis eines Dreiecks?
   Ein Kreis, _____ durch die Ecken des Dreiecks geht.   der

3. Was ist ein gestreckter Winkel?
   Ein Winkel, _____ Schenkel auf einer Geraden liegen.   dessen

4. Was ist ein Mittelpunktswinkel?
   Ein Winkel im Kreis, _____ Scheitelpunkt im Mittelpunkt   dessen
   liegt und _____ Schenkel Radien sind.   dessen

5. Was ist ein rechter Winkel?
   Ein Winkel, _____ 90° beträgt und _____ Schenkel   der | dessen
   senkrecht aufeinander stehen.

6. Was ist ein gestreckter Winkel?
   Ein Winkel, _____ Schenkel auf einer Geraden liegen und   dessen
   _____ 180° beträgt.   der

Übung 2

Ergänzen Sie bitte die Relativpronomen „die" bzw. „deren"!

Beispiel: Was ist der Radius eines Kreises?
    Eine Strecke, _die_ einen Punkt auf dem Kreisumfang mit
    dem Mittelpunkt des Kreises verbindet.
    Eine Strecke, _deren_ Endpunkte der Mittelpunkt des Kreises
    und ein Punkt auf dem Kreisumfang sind.

1. Was ist eine Gerade?
   Eine gerade Linie, _____ unbegrenzt ist.   die

6b Kreis — Übungen

2. Was ist ein Strahl?
   Eine gerade Linie, _____ auf einer Seite begrenzt ist. | die

3. Was ist eine Sehne?
   Eine Strecke, _____ Endpunkte auf dem Kreisbogen liegen. | deren

4. Was ist der Radius eines Kreises?
   Eine Strecke, _____ Endpunkte der Mittelpunkt des Kreises und ein Punkt auf dem Kreisumfang sind. | deren

5. Was ist der Durchmesser eines Kreises?
   Eine Strecke, _____ durch den Mittelpunkt geht und _____ Endpunkte auf dem Kreisumfang liegen. | die / deren

6. Was ist die Mittellinie eines Trapezes?
   Eine Strecke, _____ die Höhe halbiert und _____ Endpunkte auf den Schenkeln liegen. | die | deren

Übung 3

Ergänzen Sie bitte die Relativpronomen „das" bzw. „dessen"!

Beispiel: Was ist ein Rechteck?
   Ein Viereck, _das_ vier rechte Winkel hat.
   Ein Viereck, _dessen_ Winkel alle 90° betragen.

1. Was ist ein rechtwinkliges Dreieck?
   Ein Dreieck, _____ einen rechten Winkel hat. | das

2. Was ist ein Rechteck?
   Ein Viereck, _____ vier rechte Winkel hat. | das

3. Was ist ein regelmäßiges n-Eck?
   Ein n-Eck, _____ Winkel und Seiten gleich sind. | dessen

4. Was ist ein Quadrat?
   Ein Viereck, _____ Winkel und Seiten gleich sind. | dessen

6b Kreis — Übungen

5. Was ist ein Tangentenviereck?
   Ein Viereck, _____ einen Kreis in vier Punkten berührt und   das
   _____ Seiten Tangenten an den Kreis sind.   dessen

6. Was ist ein Quadrat?
   Ein Viereck, _____ Seiten senkrecht aufeinander stehen   dessen
   und _____ durch eine Diagonale in zwei rechtwinklige Drei-   das
   ecke zerlegt wird.

Übung 4

Ergänzen Sie bitte die Relativpronomen „die" bzw. „deren"!

Beispiel: Was sind ungleichnamige Brüche?
   Brüche, *die* ungleiche Nenner haben.
   Brüche, *deren* Nenner ungleich sind.

1. Was sind gleichnamige Brüche?
   Brüche, _____ gleiche Nenner haben.   die

2. Was sind Tangenten?
   Geraden, _____ einen Kreis in einem Punkt berühren.   die

3. Was sind ungleichnamige Brüche?
   Brüche, _____ Nenner ungleich sind.   deren

4. Was sind Scheitelwinkel?
   Winkel, _____ Schenkel auf zwei sich schneidenden Gera-   deren
   den liegen.

5. Was sind Nebenwinkel?
   Winkel, _____ einen Schenkel und einen Scheitelpunkt ge-   die
   meinsam haben und _____ andere Schenkel auf einer Ge-   deren
   raden liegen.

6. Was sind entgegengesetzte Winkel?
   Winkel, _____ Schenkel auf geschnittenen Parallelen liegen   deren
   und _____ zusammen 180° betragen.   die

6b Kreis — Lernkontrolle

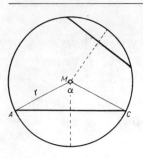

Das ist ein _____ mit dem _____ r.	Kreis | Radius
M ist der _____ des Kreises.	Mittelpunkt
Alle Punkte, die von M den gleichen Abstand haben, liegen auf dem _____ .	Kreisumfang
In den Kreis sind zwei S_____ eingezeichnet.	Sehnen
Die Mittelsenkrechten der Sehnen _____ _____ im Mittelpunkt des Kreises.	schneiden sich
Die Mittelsenkrechte halbiert den _____ α.	Mittelpunktswinkel
Sie halbiert auch den _____ $\widehat{AC}$.	Kreisbogen
Es gilt also:	
Die Mittelsenkrechte einer _____ geht durch den _____ des Kreises und halbiert den zu der Sehne gehörigen _____ und _____ .	Sehne Mittelpunkt Mittelpunktswinkel Kreisbogen

7 Stereometrie

7 Stereometrie

Das ist ein _____ und ein _____ .	Quadrat | Rechteck
Die Seite *a* des Quadrats beträgt 2 cm.	
Dann beträgt der Flächeninhalt des Quadrats 4 cm².	
Die Seite *a* des Rechtecks beträgt 4 cm.	
Die Seite *b* des Rechtecks beträgt 1 cm.	
Dann beträgt der _____ des Rechtecks 4 cm².	Flächeninhalt
Die Fläche des Rechtecks ist also so groß wie die _____ des Quadrats.	Fläche
Die Größe der beiden Flächen ist also _____ .	gleich
Man sagt auch: Die Flächen stimmen in ihrer Größe überein.	

Stimmen die Flächen dieser beiden Rechtecke in ihrer Größe überein? ja nein	nein
Warum nicht?	
Die Flächen dieser beiden Rechtecke sind _____ gleich groß.	nicht
Die Flächen stimmen also in ihrer _____ nicht überein.	Größe

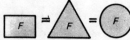

Die Fläche dieser Figuren ist gleich.
Diese Figuren sind also flächengleich.

7 Stereometrie

Figuren sind also flächengleich, wenn sie in der _____ ihrer Flächen übereinstimmen.	Größe

Sind diese Dreiecke flächengleich?
                              ja
                              nein
 Diese beiden Dreiecke sind nicht _____ .
 Sie stimmen nicht in der _____ ihrer Flächen überein.
	nein
	
	 flächengleich
	 Größe

Beide Figuren sind Dreiecke. Beide Figuren haben dieselbe Form. Diese beiden Figuren sind Rechtecke. Beide Figuren haben dieselbe Form.	

Haben diese Figuren dieselbe Form?
                              ja
                              nein
 Diese Figuren haben nicht dieselbe _____ .
 Sie stimmen also _____ in der Form ihrer Flächen überein.
	nein
	
	 Form
	 nicht

7 Stereometrie

Diese Dreiecke haben dieselbe _____ . Sie stimmen also in ihrer _____ überein. Figuren, die in ihrer Form übereinstimmen, sind ähnlich.	Form Form
Diese Rechtecke sind _____ , denn sie _____ in ihrer Form _____ .	ähnlich stimmen | überein
Sind diese Dreiecke ähnlich? 　　　　　　　　　　　　　　　ja 　　　　　　　　　　　　　　　nein Diese Dreiecke sind _____ , denn sie stimmen in der _____ ihrer Fläche überein. Sind sie auch flächengleich? 　　　　　　　　　　　　　　　ja 　　　　　　　　　　　　　　　nein Sie sind auch _____ , denn sie stimmen in der _____ ihrer Fläche überein. Diese Dreiecke sind also _____ und _____ . Man sagt: Sie sind kongruent. Kongruente Figuren sind ebene Figuren, die in der _____ und _____ ihrer Flächen übereinstimmen.	ja ähnlich Form ja flächengleich Größe flächengleich ähnlich Größe | Form

7 Stereometrie

Ebene Figuren sind flächengleich, wenn sie in der _____ ihrer Flächen übereinstimmen.	Größe
Ebene Figuren sind ähnlich, wenn sie in der _____ ihrer Flächen _____ .	Form übereinstimmen
Ebene Figuren sind kongruent, wenn sie in _____ und _____ ihrer Flächen _____ .	Form Größe | übereinstimmen
Diese Dreiecke sind _____ . Sie _____ in der Form ihrer Flächen _____ . Sie _____ nicht in der Größe ihrer Flächen _____ . Sie unterscheiden sich also in der Größe ihrer Flächen.	ähnlich stimmen überein stimmen überein
Diese Figuren unterscheiden sich in der _____ ihrer Flächen.	Form
Diese Figuren unterscheiden sich in der _____ ihrer Flächen.	Größe
Diese Dreiecke _____ _____ nicht in der Form ihrer Fläche.	unterscheiden sich

7 Stereometrie

Sie _____ _____ auch nicht in der Größe ihrer Flächen. Sie unterscheiden sich also weder in der Form noch in der Größe ihrer Flächen.	unterscheiden sich
Sie unterscheiden sich nur in ihrer Lage. Sie sind also _____ . Für „kongruent" sagt man auch „deckungsgleich".	kongruent
Deckungsgleiche Figuren sind also Figuren, die sich weder in der _____ noch in der _____ ihrer Flächen, sondern nur in der Lage ihrer Flächen _____ .	Form | Größe unterscheiden
$b = 2$ cm $a = 3$ cm Das ist ein _R_____ .	Rechteck
Es ist 3 cm lang. Seine Länge beträgt _____ .	3 cm
Es ist 2 cm breit. Seine Breite beträgt _____ .	2 cm
Ein Rechteck ist eine ebene Figur. Es hat die Dimensionen Länge und Breite. Ebene Figuren haben also _____ Dimensionen: die Länge und die Breite.	zwei
$a = 3$ cm Das ist die _____ a. Ihre _____ beträgt 3 cm. Sie hat also nur _____ Dimension.	Strecke | Länge eine

7 Stereometrie

×
A

Das ist ein _____ . Er hat keine _____ , denn er hat weder Länge noch Breite. Man kann nur seine Lage angeben.	Punkt Dimension
Das ist ein Körper. Er hat drei _____ : Länge, Breite und Höhe.	Dimensionen
Das ist eine ebene Figur. Eine ebene Figur ist ein begrenzter Teil der Fläche. Die Ebene hat _____ Dimensionen.	zwei
Das ist ein _____ . Ein Körper ist ein begrenzter Teil des Raumes. Der *R*_____ hat drei Dimensionen.	Körper Raum

7 Stereometrie

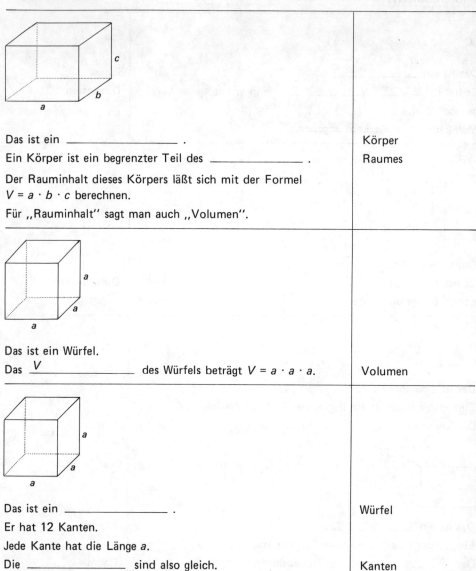

Das ist ein _____ . Körper
Ein Körper ist ein begrenzter Teil des _____ . Raumes
Der Rauminhalt dieses Körpers läßt sich mit der Formel
$V = a \cdot b \cdot c$ berechnen.
Für „Rauminhalt" sagt man auch „Volumen".

Das ist ein Würfel.
Das _V_____ des Würfels beträgt $V = a \cdot a \cdot a$. Volumen

---

Das ist ein _____ . Würfel
Er hat 12 Kanten.
Jede Kante hat die Länge _a_.
Die _____ sind also gleich. Kanten
Der Würfel hat acht Ecken.

7 Stereometrie

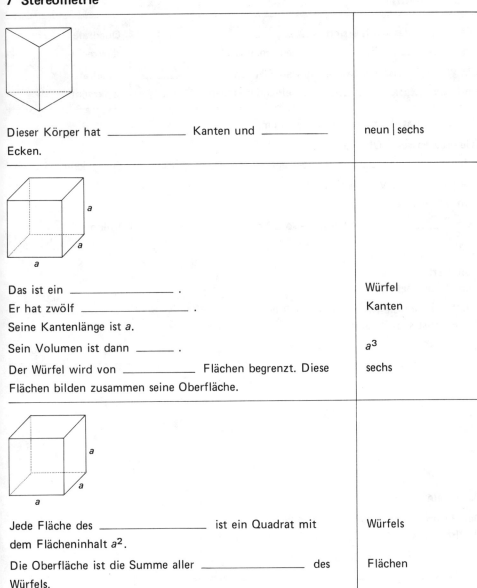

Dieser Körper hat _____ Kanten und _____ Ecken. | neun | sechs

Das ist ein _____ . | Würfel
Er hat zwölf _____ . | Kanten
Seine Kantenlänge ist *a*.
Sein Volumen ist dann _____ . | a^3
Der Würfel wird von _____ Flächen begrenzt. Diese | sechs
Flächen bilden zusammen seine Oberfläche.

Jede Fläche des _____ ist ein Quadrat mit | Würfels
dem Flächeninhalt a^2.
Die Oberfläche ist die Summe aller _____ des | Flächen
Würfels.
Die _____ des Würfels beträgt also $6a^2$. | Oberfläche

7 Stereometrie

Die Flächen des Würfels sind _____ .	Quadrate
Sie stehen _____ aufeinander.	senkrecht
Ein Würfel ist also ein Körper, dessen Flächen _____	Quadrate
sind, die _____ aufeinander stehen.	senkrecht

Ein Würfel hat die Kantenlänge $a = 3$ cm.	
Wie groß ist seine Oberfläche?	
Seine _____ beträgt _____ .	Oberfläche | 54 cm²
Wie groß ist sein Volumen?	
Sein Volumen beträgt _____ .	27 cm³
Sein _____ beträgt also 27 cm³.	Volumen
cm³	
Man liest:	
„Kubikzentimeter"	
Ein Würfel hat die Kantenlänge $a = 3$ cm.	
Wie groß ist sein Rauminhalt?	
Sein _____ beträgt _____ .	Rauminhalt | 27 cm³

Das ist ein Quader.	
Das Rechteck $ABCD$ ist die Grundfläche des Quaders.	
Das Rechteck $A_1B_1C_1D_1$ ist die Deckfläche des Quaders.	
Die Grundfläche eines Quaders ist also ein Rechteck.	
Die Deckfläche eines _____ ist ein Rechteck.	Quaders
$ABCD = A_1B_1C_1D_1$	
Grundfläche und _____ des Quaders sind kongruent.	Deckfläche

7 Stereometrie

ABB_1A_1 ist eine Seitenfläche des Quaders. BCC_1B_1, CDD_1C_1 und DAA_1D_1 sind die anderen _____ des Quaders.	Seitenflächen
Je zwei dieser _____ sind kongruente Rechtecke.	Seitenflächen

Das ist ein _____ .	Quader
Mit der Formel $V = a \cdot b \cdot c$ läßt sich das _____ des Quaders berechnen.	Volumen
Die Grundfläche, Deckfläche und die Seitenflächen bilden zusammen die _____ des Quaders.	Oberfläche
Die Oberfläche des Quaders wird also von der _____ , der _____ und den _____ gebildet.	Grundfläche Deckfläche | Seitenflächen

Die Grund-, Seiten- und Deckflächen eines Quaders sind _____ .	Rechtecke
Sie stehen _____ aufeinander.	senkrecht
Ein Körper, dessen Grund-, Seiten- und Deckflächen Rechtecke sind, die senkrecht aufeinander stehen, heißt _____ .	Quader

Das ist ein Prisma.
Grund- und Deckfläche bestehen aus einem *n*-Eck.

7 Stereometrie

Grundfläche und _____ sind kongruent und parallel.	Deckfläche
Ein Prisma ist also ein Körper, dessen Grund- und Deckflächen _____ und _____ sind.	kongruent | parallel
Das ist ein _____ , denn seine Grund- und Deckfläche sind parallel und kongruent.	Prisma
Die Seitenflächen stehen bei diesem Prisma _____ auf der Grundfläche.	senkrecht
Es handelt sich also um ein gerades Prisma. Ein gerades Prisma ist also ein Prisma, dessen Grund- und _____ senkrecht aufeinander stehen.	Seitenflächen
Ist das ein gerades Prisma? ja nein	nein
Das ist kein _____ Prisma, denn die Seitenflächen dieses Prismas stehen _____ senkrecht auf der Grundfläche.	gerades nicht
Man nennt ein solches Prisma ein schiefes Prisma. Ein schiefes Prisma ist also ein Prisma, bei dem _____ und _____ nicht senkrecht aufeinander stehen.	Grundfläche | Seitenflächen

7 Stereometrie

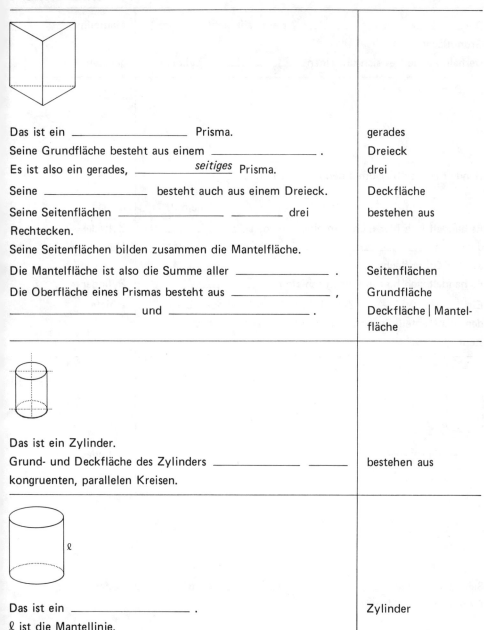

Das ist ein _____ Prisma.	gerades
Seine Grundfläche besteht aus einem _____ .	Dreieck
Es ist also ein gerades, _____*seitiges*_____ Prisma.	drei
Seine _____ besteht auch aus einem Dreieck.	Deckfläche
Seine Seitenflächen _____ _____ drei Rechtecken.	bestehen aus
Seine Seitenflächen bilden zusammen die Mantelfläche.	
Die Mantelfläche ist also die Summe aller _____ .	Seitenflächen
Die Oberfläche eines Prismas besteht aus _____ ,	Grundfläche
_____ und _____ .	Deckfläche | Mantelfläche
Das ist ein Zylinder. Grund- und Deckfläche des Zylinders _____ _____ kongruenten, parallelen Kreisen.	bestehen aus
Das ist ein _____ . ℓ ist die Mantellinie.	Zylinder

7 Stereometrie

Die _____ ℓ steht senkrecht auf der Grundfläche.	Mantellinie
Deshalb handelt es sich um einen _____ Zylinder.	geraden

Handelt es sich hier um einen geraden Zylinder?
　　　　　　　　　　　　　　ja
　　　　　　　　　　　　　　nein

	nein
Es handelt sich hier nicht um einen geraden _____,	Zylinder
denn seine _____ ℓ steht nicht senkrecht auf der Grundfläche.	Mantellinie
Es handelt sich hier um einen schiefen _____ .	Zylinder
Ein _____ Zylinder ist also ein Zylinder, bei dem die Mantellinie nicht senkrecht auf der Grundfläche steht.	schiefer

Das ist ein gerader _____ .	Zylinder

Seine Oberfläche _____ _____ Grundfläche, Deckfläche und Mantelfläche.	besteht aus

7 Stereometrie

Seine _____ besteht aus einem Rechteck. _____ und _____ bestehen aus kongruenten Kreisen.	Mantelfläche Grundfläche | Deckfläche
Das ist ein _____ Zylinder. Seine _____ ℓ steht nicht senkrecht auf der Grundfläche.	schiefer Mantellinie
Sind diese Körper Prismen? 　　　　　　　　　　　　ja 　　　　　　　　　　　　nein Prismen sind Körper, deren Grund- und _____ parallele, kongruente Vielecke sind. Das sind keine _____ , denn diese Körper haben keine _____ , sondern eine Spitze. Solche Körper nennt man spitze Körper.	nein Deckflächen Prismen Deckfläche
Das ist ein _____ Körper. Dieser spitze Körper heißt Pyramide.	spitzer

7 Stereometrie

Die _____ dieser Pyramide besteht aus vier Dreiecken.	Mantelfläche
Seine _____ besteht aus einem Viereck.	Grundfläche
Es handelt sich also um eine vierseitige _____ .	Pyramide
Das ist eine _____ .	Pyramide
Ihre _____ besteht aus einem Dreieck.	Grundfläche
Es handelt sich also um eine _____*seitige*_ Pyramide.	drei
Das ist eine _____ Pyramide.	vierseitige
h ist die Höhe dieser Pyramide.	
Sie ist das _____ von der Spitze auf die Grundfläche.	Lot
Sie steht also _____ auf der Grundfläche.	senkrecht
ℓ ist die Mantellinie der Pyramide.	
Die _____ steht _____ senkrecht auf der Grundfläche.	Mantellinie | nicht

7 Stereometrie

Das ist ein _____ Körper.	spitzer
Dieser spitze Körper heißt Kegel.	
Die Oberfläche des Kegels besteht aus _____	Grundfläche
und _____ .	Mantelfläche
Die Grundfläche des _____ besteht aus einem Kreis.	Kegels
Die _____ des Kegels besteht aus einem Kreisausschnitt.	Mantelfläche
Ein _____ ist also ein spitzer Körper, dessen Grundfläche aus einem Kreis besteht.	Kegel
h ist die Höhe des _____ .	Kegels
Sie ist das Lot von der _____ des Kegels auf die Grundseite.	Spitze
Sie steht senkrecht im Mittelpunkt der Grundseite, deshalb handelt es sich um einen _____ Kegel.	geraden

Das ist ein Kegelstumpf.

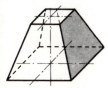

Das ist ein _Pyramiden_____ .   Pyramidenstumpf

7 Stereometrie

Pyramiden- bzw. Kegelstumpf haben ———— Spitze. Sie sind stumpfe Körper.	keine
Schneidet man z. B. eine Pyramide parallel zur Grundfläche mit einer Ebene, so entsteht ein Querschnitt. Man sagt auch: Legt man durch eine Pyramide parallel zur Grundfläche einen Schnitt, so entsteht ein Querschnitt. Grundfläche und ———— sind ähnlich, denn sie stimmen in ihrer ———— überein.	Querschnitt Form
Legt man durch einen Kegel parallel zur Grundfläche einen Schnitt, so entsteht ein ————. Dieser Querschnitt ist der Grundfläche ————, denn Grundfläche und Querschnitt stimmen in ihrer Form überein.	Querschnitt ähnlich

7 Stereometrie

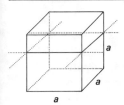

Legt man durch einen Würfel parallel zur Grundfläche einen Schnitt, so entsteht ein _____.	Querschnitt
Schnittfläche und Grundfläche stimmen in der _____	Form
und in der _____ ihrer Flächen überein.	Größe
Sie sind also _____ .	kongruent
Verläuft der Schnitt durch den Würfel nicht parallel zur Grundfläche, so sind _____ und Grundfläche weder kongruent noch ähnlich.	Schnittfläche

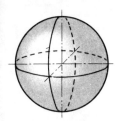

Das ist eine Kugel.

$$V = \frac{d^3 \pi}{6}$$

Mit dieser Formel läßt sich das Volumen der _____ berechnen.	Kugel
$d^2 \pi$ ist die Formel für die Oberfläche der _____ .	Kugel
Ein Würfel z. B. ist durch ebene Flächen begrenzt. Eine Kugel ist _____ durch ebene Flächen begrenzt. Eine Kugel ist durch eine gekrümmte Fläche begrenzt.	nicht
Diese Fläche ist überall gleich gekrümmt. Die Krümmung einer Kugel ist also überall _____ .	gleich

7 Stereometrie

Man sagt auch: Die Krümmung einer Kugel ist konstant.	
Eine Kugel ist also eine _____ Fläche, deren Punkte von einem Punkt, dem Mittelpunkt der Kugel, den gleichen Abstand haben.	gekrümmte

7 Stereometrie — Lernkontrolle

Wiederholen Sie auf Seite ↓

1. Figuren sind _____ , wenn sie in der Form ihrer Flächen übereinstimmen.	ähnlich	275
2. Figuren sind _____ , wenn sie in der Größe ihrer Flächen übereinstimmen.	flächengleich	275
3. Figuren sind _____ , wenn sie in Form und Größe ihrer Flächen übereinstimmen.	kongruent	276
4. Ein Körper ist ein begrenzter Teil des _____ .	Raumes	279
5. Ein Würfel hat _____ Kanten.	zwölf	280
6. Ein Quader hat ein _____ als Grundfläche.	Rechteck	282
7. Die Oberfläche eines Zylinders besteht aus zwei Kreisflächen und der _____ .	Mantelfläche	285/286
8. Spitze Körper mit einem Kreis als Grundfläche sind _____ .	Kegel	289
9. Die Höhe in geraden Kegeln ist das Lot von der _____ des Kegels auf den Mittelpunkt der Grundfläche.	Spitze	287
10. Eine Kugel ist eine _____ Fläche, deren Punkte von einem gegebenen Punkt, dem Mittelpunkt der Kugel, den gleichen Abstand haben.	gekrümmte	292

7 Stereometrie — Hinführung zum Text

Spitze Körper

Das ist ein ―――――― .	Prisma
Durch dieses Prisma sind ―――――― zur Grundfläche Querschnitte gelegt.	parallel
Man nennt die Querschnitte daher auch Parallelquerschnitte.	
Diese Parallelquerschnitte zerlegen das Prisma in Scheiben.	
Dieses Prisma ist durch Parallelquerschnitte in ―――――― Scheiben zerlegt.	sechs
Dieses gerade Prisma ist durch Parallelquerschnitte in ―――――― zerlegt.	Scheiben
Man kann dieses gerade Prisma auch in unendlich viele Scheiben zerlegen.	
Verschiebt man diese unendlich vielen Scheiben, so kann man z. B. ein schiefes Prisma erhalten.	
Durch Verschieben dieser unendlich vielen Scheiben kann man also ein ―――――― ―――――― erhalten.	schiefes Prisma

7 Stereometrie — Text

Spitze Körper

Wichtig für die Körperberechnung ist der Satz von Cavalieri (italienischer Mathematiker (1591–1647).

> Haben zwei Körper die gleiche Grundfläche und in gleicher Höhe gleiche Parallelquerschnitte zur Grundfläche, so sind ihre Rauminhalte gleich.

Folgerung: *Spitze Körper mit gleicher Grundfläche und gleicher Höhe haben den gleichen Rauminhalt.*

Beweis: Man kann jeden Körper in ganz flache Scheiben zerschneiden. Durch Verschieben der Scheiben entstehen die einzelnen Formen. Der Rauminhalt ändert sich dabei nicht.

Alle spitzen Körper werden mit Hilfe folgender Grundformeln berechnet:

> Rauminhalt $(V) = \dfrac{\text{Grundfl. }(A) \times \text{Höhe }(h)}{3}$
>
> Oberfläche (O) = Mantel (M) + Grundfl. (A)

Beweis für V: Einen geraden Körper, z. B. einen Würfel, kann man in drei gleiche Pyramiden zerlegen. (Die Pyramiden haben gleiche Grundflächen [a^2] und gleiche Höhen [a]). Der Rauminhalt eines spitzen Körpers ist also 1/3 vom Rauminhalt eines geraden Körpers mit gleicher Grundfläche und gleicher Höhe. Dieser Satz gilt auch für den Kegel, den man als Pyramide mit unendlich vielen Ecken auffassen kann.

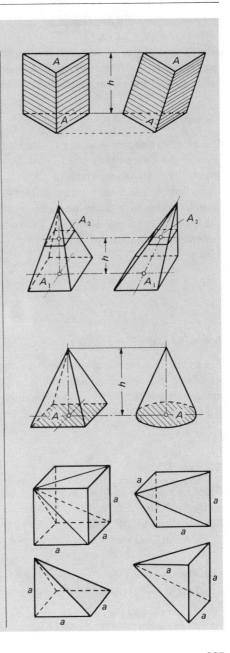

7 Stereometrie — Text

Körperarten — Körpermaße

Ein Körper ist ein allseitig von Flächen begrenzter Teil des Raumes. Nachstehend betrachten wir eine Reihe spezieller Körper, unter denen wir je nach Aussehen folgende wichtigste Grundkörperarten unterscheiden:

Gerade Körper

Bei geraden Körpern sind alle Querschnitte parallel zur Grundfläche gleich, und die Mantellinien stehen senkrecht auf der Grundfläche. Die Grund- und die Deckflächen sind also auch gleich und können beliebige Gestalt haben. Besondere Formen haben bestimmte Namen.

Spitze Körper

Bei spitzen Körpern läuft die Grundfläche geradlinig in einer Spitze aus. Körper mit eckiger Grundfläche nennt man Pyramiden, Körper mit runder Grundfläche Kegel.

Stumpfe Körper

Stumpfe Körper entstehen, wenn man bei spitzen Körpern durch einen parallelen Schnitt zur Grundfläche die Spitze abtrennt. Grund- und Deckfläche sind also ähnlich.

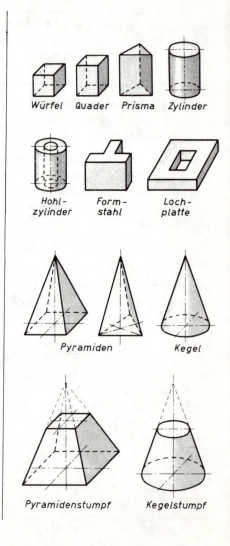

7 Stereometrie — Text

Kugel

Eine Kugel entsteht durch Drehung eines Kreises um seinen Durchmesser. Sie ist eine geschlossene Fläche mit konstanter Krümmung.

Drehkörper

Drehkörper entstehen durch Rotation (Drehung) einer beliebigen Fläche um eine feste Achse (Drehachse $x-x$).

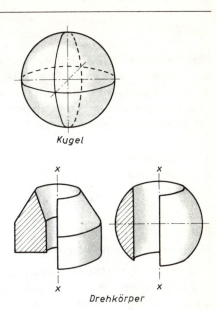

Kugel

Drehkörper

7 Stereometrie – Text

Kugel

Dreht man einen Kreis um seinen Durchmesser, so entsteht eine Kugel. Eine Kugel ist ein allseitig gekrümmter Körper (Zylinder ist einfach gekrümmt). Für die Berechnung der Kugel gelten folgende Formeln:

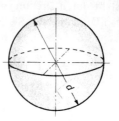

V	Rauminhalt	$V = \dfrac{d^3 \cdot \pi}{6}$
d	Durchmesser	
O	Oberfläche	$O = d^2 \cdot \pi$

Beweis:

a) Für den Rauminhalt der Kugel:

Legt man um eine Halbkugel einen Zylinder und in diesen einen Kegel, so kann man folgende Gleichung aufstellen, die schon Archimedes kannte (Mathematiker 287 bis 212 v. Chr.):

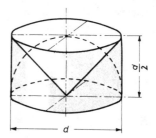

Zylinder minus Kegel = Halbkugel

Restkörper = Halbkugel

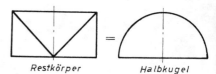

Restkörper = Halbkugel

Diese Beziehung muß jedoch erst bewiesen werden. Nach dem Satz von Cavalieri sind die Inhalte zweier Körper gleich, wenn sie gleiche Grundfläche und in gleicher Höhe gleiche Querschnitte haben. Legt man also durch die Körper in beliebiger Höhe x einen Schnitt parallel zur Grundfläche, so werden der Restkörper in der Fläche A_1 und die Halbkugel in der Fläche A_2 geschnitten.

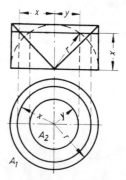

7 Stereometrie — Text

$A_1 = r^2\pi - x^2\pi$

$A_2 = y^2\pi$

und da

$y^2 = r^2 - x^2$ (Pythagoras),

so wird

$A_2 = (r^2 - x^2) \cdot \pi = r^2\pi - x^2\pi$

Die Inhalte beider Körper sind also gleich, weil sie gleiche Grundflächen und in gleicher Höhe gleiche Querschnitte haben.

Der Inhalt des Zylinders (V_Z) beträgt

$$V_Z = \frac{d^2\pi}{4} \cdot \frac{d}{2} = \frac{d^3\pi}{8}$$

Der Inhalt des Restkörpers (V_R) beträgt dann 2/3 vom Zylinderinhalt, denn der Kegel = 1/3 des Zylinderinhaltes wurde abgezogen.

$$V_R = \frac{d^3 \cdot \pi}{8} \cdot \frac{2}{3} = \frac{d^3 \cdot \pi}{12}$$

Der Inhalt des Restkörpers ist aber gleich dem Inhalt der Halbkugel (V_{Hk}).

$$V_{Hk} = \frac{d^3 \cdot \pi}{12}$$

Der Kugelinhalt (V) ist doppelt so groß.

$$V = \frac{d^3 \cdot \pi}{6}$$

b) Für die Oberfläche der Kugel.

Die Kugel kann man sich in unzählige kleine Pyramiden zerlegt denken, deren Spitzen sich im Mittelpunkt M der Kugel vereinen und deren Höhen gleich dem halben Durchmesser sind.

V_n = Inhalt aller Pyramiden.

$$V_n = \frac{1}{3} A_1 \cdot \frac{d}{2} + \frac{1}{3} A_2 \cdot \frac{d}{2} + \ldots\ldots \frac{1}{3} A_n \cdot \frac{d}{2}$$

Die Grundflächen aller Pyramiden sind gleich der Oberfläche der Kugel (O).

$$V_n = \frac{d}{6} \underbrace{(A_1 + A_2 + \ldots\ldots A_n)}_{O}$$

Da der Inhalt aller Pyramiden gleich dem Kugelinhalt ist, bleibt als einzige Unbekannte die Kugeloberfläche, die man aus der Gleichung ausrechnen kann.

$$V_n = \frac{d}{6} \cdot O = V$$

$$O = \frac{V \cdot 6}{d} = \frac{d^3 \cdot \pi}{6} \cdot \frac{6}{d} = d^2 \cdot \pi$$

7 Stereometrie – Text

Ähnlichkeit

Zwei Figuren sind ähnlich (~), wenn sie in der Form ihrer Fläche übereinstimmen. Ähnliche Flächen sind also Vergrößerungen oder Verkleinerungen einer bestimmten Fläche. Kreise sind immer einander ähnlich. Auch Körper können einander ähnlich sein, z. B. verschieden große Kugeln oder Würfel. Bei einer Vergrößerung oder Verkleinerung von Flächen werden alle Strecken im gleichen Verhältnis vergrößert oder verkleinert, die Winkel bleiben aber erhalten. Man kann also sagen: Figuren, in denen gleichliegende Strecken gleiche Verhältnisse bilden und gleichliegende Winkel gleich sind, nennt man ähnlich.

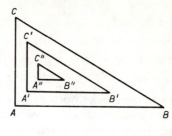

$\triangle ABC \sim \triangle A'B'C' \sim \triangle A''B''C''$

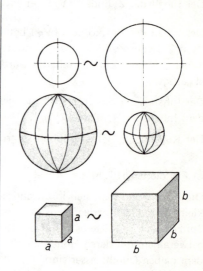

7 Stereometrie — Übungen

Beispiel: Bei einem Rechteck sind die Seiten *a* und *c* und die Seiten *b* und *d* gleich.
Bei einem Rechteck sind also _je_ _zwei_ Seiten gleich.

Ergänzen Sie bitte!

1. Im Rhombus sind _____ _____ Winkel gleich. — je zwei
2. Beim Parallelogramm sind _____ _____ Seiten gleich. — je zwei
3. Die Diagonalen zerlegen ein Rechteck in vier Dreiecke. _____ _____ Dreiecke sind gleich. — Je zwei
4. Von den Winkeln an zwei sich schneidenden Geraden sind _____ _____ gleich. — je zwei
5. Von den Winkeln an zwei von einer Geraden geschnittenen Parallelen sind _____ _____ Winkel gleich. — je vier
6. Die Lage aller Punkte in einem Koordinatensystem ist durch _____ _____ Werte bestimmt. — je zwei
7. Die Tangenten an einen Kreis berühren den Kreis in _____ _____ Punkt. — je einem
8. Die Seiten eines Dreiecks berühren seinen Inkreis in _____ _____ Punkt. — je einem
9. Beim Parallelogramm sind _____ _____ Seiten parallel. — je zwei
10. Sekanten schneiden Kreise in _____ _____ Punkten. — je zwei
11. Diagonalen in *n*-Ecken verbinden _____ _____ nicht benachbarte Ecken. — je zwei
12. Von allen Punkten außerhalb eines Kreises kann man _____ _____ Tangenten an den Kreis legen. — je zwei

7 Stereometrie — Lernkontrolle

Jeder Körper ist ein allseitig begrenzter Teil des _____.	Raumes
Bei diesem Körper handelt es sich um einen rechteckigen _____.	Pyramidenstumpf
Man erhält einen rechteckigen Pyramidenstumpf, wenn man von einer Pyramide mit rechteckiger _____	Grundfläche
mit einem _____ zur Grundfläche gelegten Schnitt die Spitze abschneidet. Die Deckfläche des Pyramidenstumpfes ist dann ein _____, das der Grund-	parallel
	Rechteck
fläche _____ ist. Die Mantelfläche besteht aus	ähnlich
vier _____, von denen _____ _____ gleich	Trapezen | je zwei
sind. Die Seitenflächen stehen _____ _____	nicht senkrecht
auf der Grundfläche. Die _____ des Pyramiden-	Höhe
stumpfes verbindet die Schnittpunkte der Diagonalen von Grund- und Deckfläche. Bei diesem Pyramidenstumpf handelt es sich also um einen _____ Körper. Seine Ober-	geraden
fläche besteht aus _____,	Grundfläche
_____ und _____. Der	Deckfläche | Mantelfläche
Inhalt der Oberfläche ist die _____ der Inhalte dieser Flächen.	Summe

Eine Kugel läßt sich in unendlich viele Pyramiden zerlegen, deren _____ im Mittelpunkt der Kugel liegen.	Spitzen
Ihre Höhen sind gleich dem _____ der Kugel. Die	Radius

7 Stereometrie — Lernkontrolle

Grundflächen aller Pyramiden bilden zusammen die _____ der _____ . Das Volumen der Kugel ist gleich der Summe der Rauminhalte aller _____ ; ihre Oberfläche ist gleich der Summe der _____ aller Pyramiden.

| Oberfläche \| Kugel |
| Pyramiden |
| Grundflächen |

8 Proportionen, Trigonometrie

8 Proportionen

Diese Rechtecke stimmen in ihrer Form überein, sie sind also _____ .	ähnlich
In ähnlichen Rechtecken gilt für die Seiten: $\frac{a}{a_1} = \frac{b}{b_1} = \frac{c}{c_1} = \frac{d}{d_1}$	
$\frac{a}{a_1} = \frac{b}{b_1}$ Man liest: „a zu a eins wie b zu b eins"	
Bitte lesen Sie! $\frac{b}{b_1} = \frac{c}{c_1}$ „b zu b eins _____ c zu c eins"	wie
$\frac{c}{c_1} = \frac{d}{d_1}$ „c zu c eins _____ d _____ d eins"	wie | zu
$\frac{a}{a_1} = \frac{b}{b_1}$ Man liest auch: „a verhält sich zu a eins wie b zu b eins"	
Bitte lesen Sie! $\frac{b}{b_1} = \frac{c}{c_1}$ „b verhält sich _____ b eins _____ c _____ c eins"	zu | wie | zu

8 Proportionen

$\frac{c}{c_1} = \frac{d}{d_1}$ „c _____ _____ zu c eins _____ d zu d eins"	verhält sich | wie
$\frac{a}{a_1} = \frac{b}{b_1}$ Man liest auch: „a steht im selben Verhältnis zu a eins wie b zu b eins"	
Bitte lesen Sie! $\frac{b}{b_1} = \frac{c}{c_1}$ „b steht im selben _____ zu b eins wie c zu c eins"	Verhältnis
$\frac{c}{c_1} = \frac{d}{d_1}$ „c steht im selben _____ _____ c eins _____ d _____ d eins"	Verhältnis zu wie | zu
Man schreibt auch: $a : a_1 = b : b_1$ Man liest wieder: „a zu a eins _____ b _____ b eins"	wie | zu
oder: „a _____ sich _____ a eins wie b zu b eins"	verhält | zu
oder: „a steht im selben _____ _____ a eins _____ b _____ b eins"	Verhältnis zu wie | zu
$a : a_1 = b : b_1$ Das ist eine Verhältnisgleichung.	

8 Proportionen

a steht zu a_1 im selben _____ _____ b _____ b_1.	Verhältnis | wie zu
2 : 3 = 4 : 6 Das ist eine _____ . Diese Verhältnisgleichung hat vier Glieder. 2 und 6 sind die Außenglieder der _____ . 3 und _____ sind ihre Innenglieder.	Verhältnisgleichung Verhältnisgleichung 4
4 : 8 = 3 : 6 Das ist eine _____ . Für „Verhältnisgleichung" sagt man auch „Proportion". 4 und 6 sind die _Außen_____ dieser Proportion. 8 und 3 sind die _____ der Proportion.	Verhältnisgleichung glieder Innenglieder
3 : 2 = 4,5 : 3 Das ist eine _P_____ . 2 und 4,5 sind ihre _____ . 3 und 3 sind ihre _____ . Es gilt: 2 · 4,5 = 3 · 3 Das Produkt der _____ ist gleich dem Produkt der _____ .	Proportion Innenglieder Außenglieder Innenglieder Außenglieder.
2 : 3 = 4 : 6 Das ist eine _P_____ . Es gilt: 2 : 4 = 3 : 6 Bei einer _____ lassen sich also die Innenglieder vertauschen.	Proportion Proportion

8 Proportionen

Es gilt auch: 6 : 3 = 4 : 2 Bei einer Proportion lassen sich also auch die _____ vertauschen.	Außenglieder

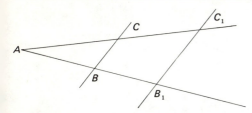

Zwei _____ parallele Strahlen werden von zwei Parallelen in den Punkten B, B_1, C und C_1 geschnitten. Dabei entstehen auf den Strahlen die Abschnitte $\overline{AB}$, $\overline{BB_1}$, $\overline{AC}$ und _____ .	nicht $\overline{CC_1}$
Für diese Abschnitte gilt folgende _____ : $\overline{AB} : \overline{BB_1} = \overline{AC} : \overline{CC_1}$	Proportion
$\overline{AB}$ _____ sich zu $\overline{BB_1}$ _____ $\overline{AC}$ zu $\overline{CC_1}$. Der Abschnitt $\overline{AB}$ _____ _____ also zum Abschnitt $\overline{BB_1}$ _____ der Abschnitt $\overline{AC}$ zum Abschnitt $\overline{CC_1}$.	verhält | wie verhält sich wie
Die Abschnitte auf dem einen Strahl verhalten sich also wie die entsprechenden _____ auf dem anderen Strahl.	Abschnitte

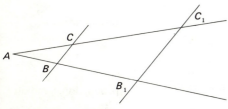

$\overline{AB} : \overline{BB_1} = \overline{AC} : \overline{CC_1}$	
$\overline{AB}$ steht im selben _____ zu $\overline{BB_1}$ wie $\overline{AC}$	Verhältnis

8 Proportionen

zu $\overline{CC_1}$. Die Strahlenabschnitte bilden gleiche Verhältnisse. Sie sind verhältnisgleich. Die Strahlenabschnitte bilden also _____ Verhältnisse. Sie sind _verhältnis_____ . Man sagt auch: Sie sind proportional.	gleiche gleich
$\overline{SA} : \overline{AD} = \overline{SB} : \overline{BC}$ $\overline{SA}$ steht im selben _____ zu $\overline{AD}$ wie $\overline{SB}$ zu $\overline{BC}$. $\overline{SA}$ und $\overline{AD}$ sind also _v_____ zu $\overline{SB}$ und $\overline{BC}$. $\overline{SB}$ und $\overline{BC}$ sind also auch _____ zu $\overline{SA}$ und $\overline{AD}$.	Verhältnis verhältnisgleich verhältnisgleich
Es gilt auch: $\overline{AB} : \overline{BS} = \overline{DC} : \overline{CS}$ $\overline{AB}$ und $\overline{BS}$ und $\overline{DC}$ und $\overline{CS}$ bilden _____ . $\overline{AB}$ und $\overline{BS}$ sind also _p_____ zu $\overline{DC}$ und $\overline{CS}$. $\overline{DC}$ und $\overline{CS}$ sind also auch _____ zu $\overline{AB}$ und $\overline{BS}$.	gleiche Verhältnisse proportional proportional
Werden zwei von einem Punkt ausgehende Strahlen von Parallelen geschnitten, so sind die Abschnitte auf den Parallelen und die zugehörigen Strahlenabschnitte _____ .	proportional/verhältnisgleich

8 Trigonometrie

Das ist ein _____ Dreieck mit dem Winkel α. | rechtwinkliges

c ist die _____ . | Hypotenuse

a und b sind die _____ . | Katheten

Die Kathete a liegt dem Winkel α gegenüber.
Sie ist die Gegenkathete (zum Winkel α).

Die Kathete b liegt am Winkel α.
Sie ist die Ankathete.

Das ist ein _____ Dreieck mit dem Winkel β. | rechtwinkliges

Die Kathete b _____ dem Winkel β _____ . | liegt | gegenüber

Sie ist die _Gegen_____ . | kathete

Die Kathete a ist die _____ . | Ankathete

Fällt man von B das Lot auf den anderen Schenkel des Winkels α, so erhält man ein _____ _____ . | rechtwinkliges Dreieck

311

8 Trigonometrie

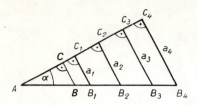

Zeichnet man zu BC durch die Punkte B_1, B_2, B_3, B_4 Parallelen, so erhält man rechtwinklige _____ .	Dreiecke
Diese stimmen in der Form mit dem Dreieck ABC überein, sie sind also dem Dreieck ABC _____ .	ähnlich

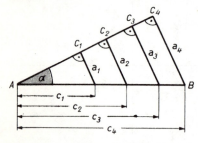

Für diese ähnlichen Dreiecke gilt folgende __P_____ :	Proportion
$$\frac{a_1}{c_1} = \frac{a_2}{c_2} = \frac{a_3}{c_3} = \frac{a_4}{c_4} = \frac{a_n}{c_n}$$	
Das Verhältnis der Seiten a_1, a_2, a_3, a_4, a_n und c_1, c_2, c_3, c_4, c_n hat immer denselben Wert.	
Der Wert der Seitenverhältnisse ändert sich also _____ .	nicht
Man sagt auch: Der Wert der Seitenverhältnisse ist konstant.	
In ähnlichen rechtwinkligen Dreiecken haben also die Seitenverhältnisse für den Winkel α einen _____ Wert.	konstanten

8 Trigonometrie

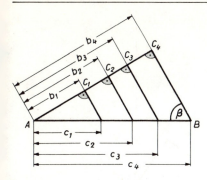

Für den Winkel β gilt in ähnlichen rechtwinkligen Dreiecken folgende _____ :	Proportion
$\frac{b_1}{c_1} = \frac{b_2}{c_2} = \frac{b_3}{c_3} = \frac{b_4}{c_4} = \frac{b_n}{c_n}$	
Das Verhältnis von Gegenkathete zu Hypotenuse hat einen _____ Wert.	konstanten
Man nennt das Verhältnis von Gegenkathete zu Hypotenuse den Sinus (sin) des Winkels.	

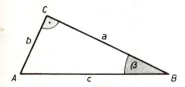

Ist $\frac{a}{c}$ der Sinus des Winkels α?	
ja	ja
nein	
a ist die _____ des Winkels α.	Gegenkathete
c ist die _____ .	Hypotenuse
$\frac{a}{c}$ ist also das Verhältnis von Gegenkathete zu _____ .	Hypotenuse
Das Verhältnis von Gegenkathete zu Hypotenuse ist der _____ eines Winkels.	Sinus

313

8 Trigonometrie

Es gilt also:

$\sin \alpha = \frac{a}{c}$

$\sin \alpha$

Man liest:
„Sinus alpha"

$\sin \beta = $ _____ | $\frac{b}{c}$

Das Verhältnis der Seite b zur Seite c ist also der _____ | Sinus
des Winkels β.

Ändert man die Größe des Winkels, so ändert sich auch der
Sinus des _____ . | Winkels
Der Sinus ist also von dem _____ abhängig. | Winkel
Der Sinus ist also eine _F_____ des Winkels. | Funktion
Der Sinus ist eine Winkelfunktion.

$\sin \alpha$ ist eine Funktion des Winkels _____ . | α
$\sin \beta$ ist eine _____ des Winkels β. | Funktion
Der Sinus eines Winkels ist also eine _____ . | Winkelfunktion

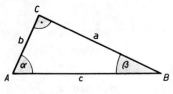

$\frac{a}{c}$ ist der _____ des Winkels ____ . | Sinus | α
$\frac{b}{c}$ ist der _____ des Winkels ____ . | Sinus | β

8 Trigonometrie

$y = \sin x$ Der Sinus eines Winkels ist eine __W_____ .	Winkelfunktion

Funktionen kann man graphisch darstellen.

Man zeichnet das Bild einer Winkelfunktion mit Hilfe eines Kreises mit dem Radius $r = 1$.

Dieser Kreis heißt Einheitskreis.

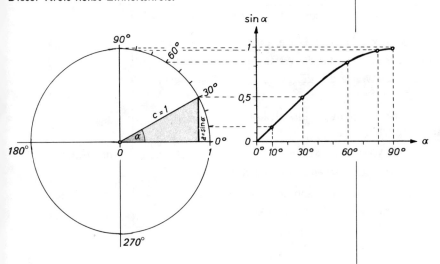

Die Hypotenuse c hat den Wert 1, das heißt, es gilt:

$\sin \alpha = \frac{a}{1}$

Die Länge der Gegenkathete a entspricht also dem _____ des Winkels α.	Sinus

8 Trigonometrie

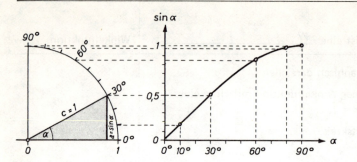

Die Werte für sin α werden vom Einheitskreis in ein Koordinatensystem mit der Abszisse für die Werte des Winkels α und der Ordinate für die Werte des _____ übertragen.

Sinus

Man sagt auch:
Die Werte für sin α werden vom Einheitskreis in ein Koordinatensystem projiziert.

Projiziert man die Werte für sin α vom _____ in ein Koordinatensystem, so entsteht eine Kurve.

Einheitskreis

Diese _____ ist der Graph der Sinusfunktion.

Kurve

Man nennt diese Kurve deshalb die Sinuskurve.

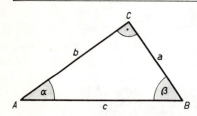

Im rechtwinkligen Dreieck heißt das Verhältnis von Gegenkathete zu Hypotenuse der _____ des Winkels.

Sinus

Das Verhältnis von Ankathete zu Hypotenuse ist der Kosinus (cos) des Winkels.

cos α = _____

$\frac{b}{c}$

cos α

Man liest: „Kosinus alpha"

8 Trigonometrie

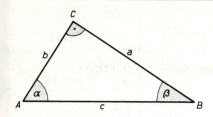

Ist $\frac{b}{c}$ der Kosinus des Winkels β?

                              ja
                              nein   nein

$\frac{b}{c}$ ist das Verhältnis von _____ zu   Gegenkathete
_____ .   Hypotenuse

$\frac{b}{c}$ ist also der _____ des Winkels β.   Sinus

Der Kosinus des Winkels β ist ____ , denn der Kosinus eines $\frac{a}{c}$

Winkels ist das Verhältnis von _____ zu   Ankathete
_____ .   Hypotenuse

$\frac{a}{c}$ ist also der _____ des Winkels β.   Kosinus

Der Kosinus des Winkels β ist von ____ _____ . β abhängig

$\cos \beta$ ist also eine _____ von β.   Funktion

$y = \cos x$

Der _____ eines Winkels ist eine Winkelfunktion.   Kosinus

Man zeichnet das Bild einer Winkelfunktion mit Hilfe des
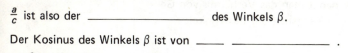 mit dem Radius $r = 1$.   Einheitskreises

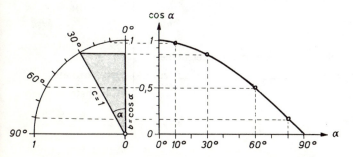

317

8 Trigonometrie

Die Hypotenuse c hat den Wert 1, das heißt, es gilt:

$\cos\alpha = \frac{b}{1}$.

Die Länge der _A_____ b entspricht dem Kosinus des Winkels α. | Ankathete

Überträgt man die Werte für cos α vom _E_____ in das Koordinatensystem, so entsteht eine Kurve. | Einheitskreis

Diese Kurve ist der Graph der _____ _funktion_. | Kosinus

Es handelt sich dabei um die _K_____. | Kosinuskurve

Im rechtwinkligen Dreieck nennt man das Verhältnis von Gegenkathete zu Ankathete den Tangens (tan) des Winkels.

tan α = _____ | $\frac{a}{b}$

tan α

Man liest:
„Tangens alpha"

$\frac{b}{a}$ ist der Tangens des Winkels _____, denn der Tangens eines Winkels ist das Verhältnis von _____ zu _____. | β
| Gegenkathete
| Ankathete

8 Trigonometrie

$\frac{a}{b}$ ist der _____ des Winkels α, denn der _____ eines Winkels ist das Verhältnis von Gegenkathete zu Ankathete.	Tangens Tangens
$y = \tan x$ Mit Hilfe des _____*E*_____ läßt sich die Tangensfunktion $y = \tan x$ graphisch darstellen:	Einheitskreises
Die Ankathete *b* hat im _____ den Wert 1, das heißt, $\tan \alpha = \frac{a}{1}$	Einheitskreis
Die Länge der Gegenkathete *a* entspricht dem _____ des Winkels α.	Tangens
Überträgt man die Werte für tan α vom Einheitskreis in ein entsprechendes Koordinatensystem, so entsteht die *T*_____ .	Tangenskurve
Sie ist der Graph der ____*T*_____ .	Tangensfunktion

8 Trigonometrie

Im rechtwinkligen Dreieck ist das Verhältnis von Gegenkathete und Hypotenuse der _____ des Winkels, das Verhältnis von Ankathete zu Hypotenuse der _____ des Winkels und das Verhältnis von Gegenkathete zu Ankathete der _____ des Winkels.
Das Verhältnis von Ankathete zu Gegenkathete heißt Kotangens (cot) des Winkels.

| Sinus |
| Kosinus |
| Tangens |

cot α

Man liest:
„Kotangens alpha"

Der Kotangens eines Winkels ist das Verhältnis von _____ zu _____ , also ist $\frac{b}{a}$ der Kotangens des Winkels _____ .
$\frac{a}{b}$ ist der _____ des Winkels β.

| Ankathete | Gegenkathete |
| α |
| Kotangens |

y = cot x
Der _____ eines Winkels ist eine Winkelfunktion.

| Kotangens |

8 Trigonometrie

Winkelfunktionen lassen sich mit Hilfe des _____ graphisch darstellen: | Einheitskreises

Die Gegenkathete hat im _____ den Wert 1, das heißt, es gilt: $\cot\alpha = \frac{b}{1}$. | Einheitskreis

Die Länge der Ankathete *a* entspricht dem _____ des Winkels α. | Kotangens

Überträgt man die Werte für $\cot\alpha$ vom Einheitskreis in das Koordinatensystem, so entsteht die K_____ . | Kotangenskurve

Sie ist der Graph der K_____ . | Kotangensfunktion

8 Trigonometrie — Lernkontrolle   Wiederholen Sie auf Seite ↓

1. $\frac{a}{a_1} = \frac{b}{b_1}$ a ———————— ———— zu a_1 ———— b ———— b_1.	verhält sich | wie zu	306
2. $\frac{a}{a_1} = \frac{b}{b_1}$ a steht im selben ———————— ———— a_1 ———— b ———— b_1.	Verhältnis zu wie | zu	307
3. Eine Proportion aus zwei Verhältnissen hat vier ————————.	Glieder	308
4. Das Produkt der Innenglieder einer ———————— ist gleich dem Produkt der Außenglieder.	Proportion/Verhältnisgleichung	308
5. Werden zwei von einem Punkt ausgehende Strahlen von zwei Parallelen geschnitten, so bilden die Abschnitte auf den Strahlen ———————— ————————.	gleiche Verhältnisse	310
6. Bei ähnlichen Dreiecken hat das Verhältnis von gleichliegenden Seiten einen ———————— Wert.	konstanten	312
7. Im rechtwinkligen Dreieck nennt man das Verhältnis von Gegenkathete zu Hypotenuse den ———————— des Winkels.	Sinus	313
8. Das Verhältnis von Ankathete zu Gegenkathete im rechtwinkligen Dreieck heißt ————————.	Kotangens	320
9. Man stellt Winkelfunktionen mit Hilfe des ———————— dar.	Einheitskreises	315

8 Trigonometrie — Lernkontrolle

Wiederholen Sie auf Seite ↓

10. Man bezeichnet in einem rechtwinkligen Dreieck das Verhältnis der Ankathete zur Hypotenuse als den _____ des Winkels.	Kosinus	316
11. Die Kotangenskurve ist der Graph der _____ .	Kotangensfunktion	321

8 Trigonometrie – Hinführung zum Text

Die Sinusfunktion

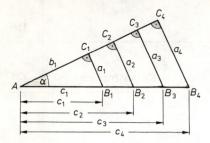

Das sind ähnliche _____ Dreiecke mit dem gleichen Winkel α.	rechtwinklige
Vergleicht man die Verhältnisse, die aus Gegenkathete und Hypotenuse gebildet werden, so kommt man zu der Erkenntnis: $$\frac{a_1}{c_1} = \frac{a_2}{c_2} = \frac{a_3}{c_3} = \frac{a_4}{c_4}$$ Diese Proportion gilt, weil die Dreiecke ähnlich sind. Man sagt auch: Diese Proportion gilt aufgrund der Ähnlichkeit der Dreiecke.	
Der Wert der Verhältnisse ist vom Winkel α _____ .	abhängig
Der Wert der Verhältnisse ist _____ von der Größe des Dreiecks abhängig.	nicht
Der Wert der Verhältnisse ist also ohne Rücksicht auf die Größe des Dreiecks nur vom Winkel α abhängig.	
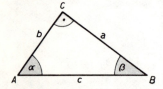	
Das Verhältnis der Seite c zur Seite a ist der _____ des Winkels α.	Sinus

8 Trigonometrie — Hinführung zum Text

Die Dimension der Seite *a* ist die Länge. Man kann sie z. B. in der Einheit „cm" ausdrücken. Die Dimension der Seite *c* ist auch die _____ . Man kann sie z. B. in den Einheiten „mm", „cm" oder „m" ausdrücken.	Länge
$\sin \alpha = \frac{a}{c}$ Das Verhältnis der Seite *a* zur Seite *c* ist also der Quotient von zwei ⎯L⎯⎯⎯⎯⎯⎯ . sin 40° = 0,6428 Dieser Quotient steht ohne die Einheiten „cm", „mm" oder „m". Dieser Quotient ist eine unbenannte Zahl.	Längen
sin 40° = 0,6428 Man gibt also das Seitenverhältnis in unbenannten _____ an. Das Seitenverhältnis ist abhängig von der Größe des _____ . Man kann auch sagen: Das Seitenverhältnis ist von der Öffnung des Winkels abhängig.	Zahlen Winkels
Der Wert des Seitenverhältnisses ist also vom Öffnungswinkel _____ .	abhängig

8 Trigonometrie – Text

Die Sinusfunktion

Aufgabe: Zeichne einige rechtwinklige Dreiecke mit dem gleichen Winkel α. Vergleiche die Verhältnisse, gebildet aus der Gegenkathete und der Hypotenuse.

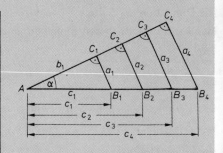

Erkenntnis: Aufgrund der Ähnlichkeit der Dreiecke ist:

$$\frac{a_1}{c_1} = \frac{a_2}{c_2} = \frac{a_3}{c_3} = \frac{a_4}{c_4}$$

Der Verhältniswert (Gegenkathete zu Hypotenuse) ist nur vom Winkel α abhängig. Er hat also für den gleichen Winkel immer denselben Wert, ohne Rücksicht auf die Größe des Dreiecks.

Erklärung: Man bezeichnet in einem rechtwinkligen Dreieck das Verhältnis der Gegenkathete eines Winkels zur Hypotenuse als den Sinus (sin) des Winkels

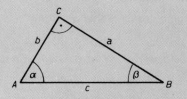

$\sin \alpha = \frac{a}{c}$; $\sin \beta = \frac{b}{c}$

In der Mathematik nennt man jede Größe, die von einer anderen gesetzmäßig abhängig ist, eine Funktion dieser anderen Größe. Die Seitenverhältnisse $\frac{a}{c}$ und $\frac{b}{c}$ sind vom Winkel α bzw. β abhängig. Es sind also Funktionen der Winkel oder Winkelfunktionen. Als Quotient zweier Längen sind die Winkelfunktionen unbenannte Zahlen (reine Zahlenwerte ohne Dimension).

Die Sinusfunktionen sind Zahlen, welche das Seitenverhältnis $\frac{a}{c}$ oder $\frac{b}{c}$ ausdrücken. Sie sind nur vom Öffnungswinkel abhängig, d. h. verändert sich der Winkel, so verändert sich auch der Wert des Seitenverhältnisses. Da die Kathete immer kleiner ist als die Hypotenuse, so ist der Sinus immer kleiner als 1.

8 Trigonometrie — Text

Aufgabe: Stelle die Abhängigkeit des Sinus von dem Winkel α (0° ... 90°) graphisch dar, und deute die entstehende Kurve.

Konstruktion:

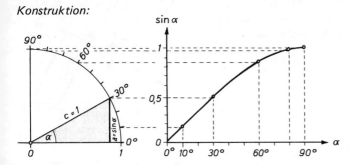

Um die einzelnen Sinuswerte für die verschiedenen Winkel α durch Zeichnung zu bestimmen, ist es zweckmäßig, die Konstruktion im Einheitskreis vorzunehmen. Einen Kreis mit dem Halbmesser = 1 Einheit nennt man Einheitskreis. Durch diesen Kunstgriff kann man den Sinus eines Winkels sofort als Länge einer Strecke ablesen. Da im Einheitskreis die Hypotenuse c immer den Wert 1 hat, entspricht die Länge der Gegenkathete a dem Sinus des Winkels α ($\sin α = \frac{a}{c} = \frac{a}{1} = a$).

Deutung: Nimmt der Winkel α von 0° bis 90° zu, so wächst auch der Sinus, und zwar von 0 bis 1. In der Nähe von 0° ist die Zunahme des Sinus größer als in der Nähe von 90°. Der Sinus und der Winkel sind also nicht proportional. So ist z. B. sin 60° nicht $2 \cdot \sin 30°$.

Beispiel: In einem rechtwinkligen Dreieck ist $a = 7$ cm; $α = 40°$.

Berechne alle übrigen Seiten und Winkel.

Lösung: Die Winkelsumme im Dreieck beträgt 180°, daher ist ∡ β = 50°.

$β = 180° - 90° - 40° = 50°$

Mit Hilfe der Sinusfunktion von ∡ α kann man die Seite c berechnen.

$\sin α = \frac{a}{c}$; $c = \frac{a}{\sin α} = \frac{7}{\sin 40°}$

$c = \frac{7}{0{,}6428} = 10{,}89$ cm

Mit Hilfe der Sinusfunktion von ∡ β kann man die Seite b berechnen.

$\sin β = \frac{b}{c}$; $b = \sin β \cdot c = \sin 50° \cdot 10{,}89$

$= 0{,}766 \cdot 10{,}89 = 8{,}34$ cm

8 Trigonometrie — Text

Die Kosinusfunktion

Aufgabe: Zeichne einige rechtwinklige Dreiecke mit dem spitzen Winkel α. Vergleiche die Verhältnisse, gebildet aus der Ankathete und der Hypotenuse.

Erkenntnis: Aufgrund der Ähnlichkeit der Dreiecke ist

$$\frac{b_1}{c_1} = \frac{b_2}{c_2} = \frac{b_3}{c_3} = \frac{b_4}{c_4}$$

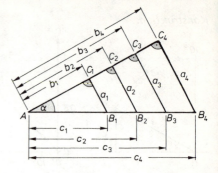

Erklärung: *Man bezeichnet in einem rechtwinkligen Dreieck das Verhältnis der Ankathete zur Hypotenuse als den Kosinus (cos) des Winkels*

$$\cos\alpha = \frac{b}{c}\,;\ \cos\beta = \frac{a}{c}$$

Auch die Kosinusfunktion ist nur vom Öffnungswinkel abhängig. Da die Kathete immer kleiner ist als die Hypotenuse, so ist der Kosinus immer kleiner als 1.

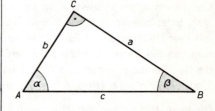

Aufgabe: Stelle die Abhängigkeit des Kosinus von dem Winkel α (0° ... 90°) graphisch dar und deute die entstehende Kurve.

Konstruktion:

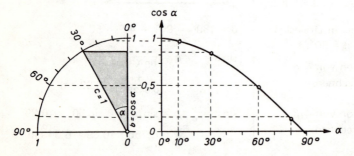

8 Trigonometrie — Text

Auch hier ist es zweckmäßig, die Konstruktion im Einheitskreis vorzunehmen. Da die Hypotenuse c immer den Wert 1 hat, entspricht die Länge der Ankathete b dem Kosinus des Winkels α

$(\cos \alpha = \frac{b}{c} = \frac{b}{1} = b)$.

Deutung: Nimmt der Winkel α von $0°$ bis $90°$ zu, so nimmt der Kosinus ab, und zwar von 1 bis 0. In der Nähe von $0°$ ist die Abnahme des Kosinus geringer als in der Nähe von $90°$. Die Kosinusfunktion durchläuft die gleichen Zahlenwerte (von 1 bis 0) wie die Sinusfunktion, jedoch in umgekehrter Reihenfolge. Die Kosinuskurve ist das Spiegelbild der Sinuskurve gespiegelt an der Geraden $\alpha = \frac{\pi}{4}$.

Da in einem rechtwinkligen Dreieck die Winkel $\alpha + \beta = 90°$ sind, kann man auch sagen:

$\cos \alpha = \frac{b}{c} = \sin \beta = \sin(90° - \alpha)$

$\sin \alpha = \frac{a}{c} = \cos \beta = \cos(90° - \alpha)$

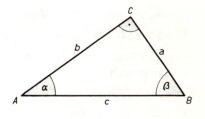

$$\boxed{\begin{array}{l} \cos \alpha = \sin(90° - \alpha) \\ \sin \alpha = \cos(90° - \alpha) \end{array}}$$

Lehrsatz: *Der Kosinus eines Winkels ist gleich dem Sinus seines Ergänzungswinkels (Komplementwinkels),*

z. B. $\cos 60° = \sin 30°$

8 Trigonometrie — Text

Strahlensätze

Die von einem Punkt S (Scheitelpunkt) ausgehenden Strahlen nennt man Strahlenbüschel (Geradenbüschel).

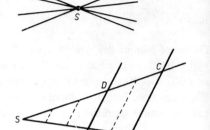

Aufgabe: Schneide zwei von einem Punkt S ausgehende Strahlen durch parallele Geraden. Miß die zwei auf jedem Strahl entstehenden Abschnitte und untersuche, ob die zwei Abschnittspaare verhältnisgleich sind.

Erkenntnis: Aufgrund der Messung erhält man

$\overline{SA} : \overline{SB} = \overline{SD} : \overline{SC}$

Nach den Regeln über Verhältnisgleichungen kann man auch sagen

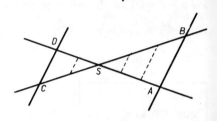

$\overline{SA} : \overline{SD} = \overline{SB} : \overline{SC}$
$\overline{SC} : \overline{SB} = \overline{SD} : \overline{SA}$ usw.

Lehrsatz [1]: *Werden zwei von einem Punkt ausgehende Strahlen von Parallelen geschnitten, so bestehen zwischen gleichliegenden Abschnitten der Strahlen gleiche Verhältnisse (1. Strahlensatz.)*

Voraussetzung: $\overline{AD} \parallel \overline{BC}$

in $\overline{SA}$ sei ein gemeinsames Maß m-mal,
in $\overline{AB}$ n-mal enthalten.

Behauptung: $\overline{SA} : \overline{SB} = \overline{SD} : \overline{SC}$

Beweis: Trägt man auf $\overline{SB}$ das gemeinsame Maß von S aus fortlaufend ab bis B und zieht durch die Teilpunkte zu $\overline{AD}$ Parallelen, so entstehen auch auf $\overline{SC}$ unter sich gleiche Abschnitte. Es ist dann

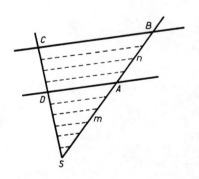

$\overline{SA} : \overline{SB} = m \; : (m + n)$
$\overline{SD} : \overline{SC} = m \; : (m + n)$
$\overline{SA} : \overline{SB} = \overline{SD} : \overline{SC}$

8 Trigonometrie — Text

Aufgabe: Schneide zwei von einem Punkt ausgehende Strahlen durch zwei parallele Geraden. Bilde Verhältnisse aus den Abschnitten der Parallelen und aus den zugehörigen Strahlenabschnitten. Stelle durch Messung fest, ob die Verhältnisse einander gleich sind.

Erkenntnis: $\overline{AD} : \overline{BC} = \overline{SD} : \overline{SC} = \overline{SA} : \overline{SB}$. Die Verhältnisse sind gleich, sie bilden also eine Verhältnisgleichung, die man auch umstellen kann, z. B.:

$\overline{AD} : \overline{SD} = \overline{BC} : \overline{SC}$
$\overline{SD} : \overline{AD} = \overline{SC} : \overline{BC}$ usw.

Lehrsatz [2]: *Werden zwei von einem Punkt ausgehende Strahlen von Parallelen geschnitten, so bilden die Abschnitte der Parallelen und die zugehörigen Strahlenabschnitte gleiche Verhältnisse (2. Strahlensatz).*

Voraussetzung: $\overline{AD} \parallel \overline{BC}$

Behauptung: $\overline{AD} : \overline{BC} = \overline{SA} : \overline{SB}$

Beweis: Zieht man $\overline{AE} \parallel \overline{SC}$, so ist nach Lehrsatz [1] $\overline{EC} : \overline{BC} = \overline{SA} : \overline{SB}$ (B ist Scheitelpunkt); da $\overline{EC} = \overline{AD}$ (Gegenseite im Parallelogramm), so ist $\overline{AD} : \overline{BC} = \overline{SA} : \overline{SB}$

Eine praktische Anwendung der Strahlensätze ist der Proportionalzirkel, ein Zirkel mit zwei Öffnungen. Eine Strecke, die mit der einen Öffnung abgegriffen wird, ist an der anderen Öffnung in einem ganz bestimmten Verhältnis verändert. Durch Verlegen des Drehpunktes kann man das Verhältnis verändern.

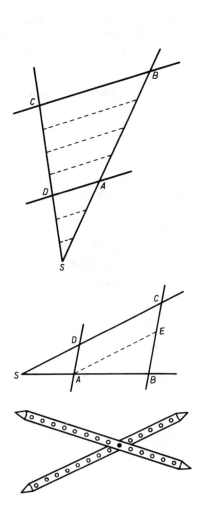

8 Trigonometrie — Text

Ähnliche Dreiecke

Aufgabe: Zeichne in einem Dreieck eine Parallele zu einer Dreiecksseite und stelle durch Messung und Überlegung fest, ob durch diese Parallele ein ähnliches Dreieck entsteht.

Erkenntnis: Aufgrund des Strahlensatzes ist

$\dfrac{\overline{CD}}{\overline{CE}} = \dfrac{\overline{CA}}{\overline{CB}}$ und $\dfrac{\overline{CA}}{\overline{AB}} = \dfrac{\overline{CD}}{\overline{DE}}$

Außerdem sind alle Winkel gleich. Es ist also
$\triangle ABC \sim \triangle DEC$

Lehrsatz [1]: *Eine Parallele zu einer Dreiecksseite schneidet von dem Dreieck ein ihm ähnliches Dreieck ab.*

Da für die Ähnlichkeit der Dreiecke ABC und DEC die Länge von $\overline{DE}$ gleichgültig ist, genügt es, die Gleichheit der Winkel festzustellen.

Daraus folgt

Lehrsatz [2]: *Dreiecke sind ähnlich, wenn sie in zwei Winkeln übereinstimmen.*

Folgerungen:

1. *Dreiecke sind ähnlich, wenn sie im Verhältnis der drei entsprechenden Seiten übereinstimmen.*

   $\overline{AB} : \overline{BC} : \overline{CA} = \overline{DE} : \overline{EC} : \overline{CD}$

2. *Dreiecke sind ähnlich, wenn sie im Verhältnis zweier entsprechender Seiten und dem Zwischenwinkel übereinstimmen.*

   $\dfrac{\overline{AB}}{\overline{BC}} = \dfrac{\overline{DE}}{\overline{EC}}$ und $\sphericalangle \beta = \sphericalangle \beta_1$

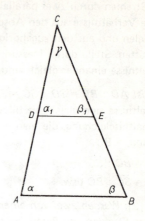

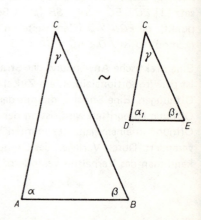

8 Trigonometrie — Text

3. *Dreiecke sind ähnlich, wenn sie im Verhältnis zweier entsprechender Seiten und dem Gegenwinkel der größeren Seite übereinstimmen.*

$\dfrac{\overline{AB}}{\overline{BC}} = \dfrac{\overline{DE}}{\overline{EC}}$ und $\sphericalangle\,\alpha = \sphericalangle\,\alpha_1$

4. *Dreiecke sind ähnlich, wenn die Seiten paarweise parallel sind.*

$\overline{AB} \parallel \overline{DE}$; $\overline{BC} \parallel \overline{EC}$; $\overline{AC} \parallel \overline{DC}$

Beweis: Aufgrund der oben angeführten Ähnlichkeitssätze und mit Hilfe des Strahlensatzes kann man in nebenstehender Figur gleiche Winkel und verhältnisgleiche Strecken nachweisen. Es ist dann immer

$\triangle\,ABC \sim \triangle\,AB'C'$

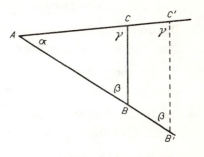

8 Trigonometrie – Übungen

Übung 1

Ergänzen Sie bitte: doppelt so – wie, halb so – wie

1. Eine Strecke von 4 cm ist _____ _____ groß _____ eine Strecke von 2 cm. — doppelt so wie

2. Der Durchmesser eines Kreises ist _____ _____ groß _____ sein Radius. — doppelt so | wie

3. Der Umfangswinkel eines Kreises ist _____ _____ groß _____ der entsprechende Mittelpunktswinkel. — halb so wie

4. Der Radius eines Kreises ist _____ _____ groß _____ der Durchmesser. — halb so wie

5. Der Mittelpunktswinkel eines Kreises ist _____ _____ groß _____ der entsprechende Umfangswinkel. — doppelt so | wie

Übung 2

Ergänzen Sie bitte: so – wie

1. Von zwei Stufenwinkeln ist einer _____ groß _____ der andere. — so | wie

2. Im gleichschenkligen Dreieck ist der eine Basiswinkel genau _____ groß _____ der andere. — so | wie

3. α und β sind Scheitelwinkel. α ist also _____ groß _____ β. — so wie

4. Der eine Schenkel im gleichschenkligen Dreieck ist genau _____ lang _____ der andere Schenkel. — so | wie

5. Im gleichseitigen Dreieck ist der Winkel α genau _____ groß _____ der Winkel β oder der Winkel γ. — so wie

8 Trigonometrie — Übungen

Übung 3

Ergänzen Sie bitte: nicht so — wie

1. Beim Pyramidenstumpf ist die Deckfläche _____ _____ groß _____ die Grundfläche.   nicht so | wie

2. Die Kathetenquadrate am rechtwinkligen Dreieck sind _____ _____ groß _____ das Hypotenusenquadrat.   nicht so | wie

3. Im rechtwinkligen Dreieck sind zwei Winkel _____ _____ groß _____ der rechte Winkel.   nicht so | wie

4. Im rechtwinkligen Dreieck ist eine Kathete _____ _____ groß _____ die Hypotenuse.   nicht so | wie

5. Die Deckfläche ist beim Kegelstumpf _____ _____ groß _____ die Grundfläche.   nicht so wie

Übung 4

Ergänzen Sie bitte: größer als, kleiner als

1. Bei der Funktion $y = 2x^2$ ist jeder Wert für y _____ _____ der entsprechende Wert für x.   größer als

2. Das Hypotenusenquadrat ist _____ _____ jedes der Kathetenquadrate.   größer als

3. Beim Kegelstumpf ist die Deckfläche _____ _____ die Grundfläche.   kleiner als

4. Im gleichseitigen Dreieck sind die Winkel _____ _____ 90°.   kleiner als

5. Der Flächeninhalt eines Tangentenvierecks ist _____ _____ der Inhalt seines Inkreises.   größer als

8 Trigonometrie – Übungen

Übung 5

Ergänzen Sie bitte!

1. Beim rechtwinkligen Dreieck ist das Quadrat über einer Kathete _____ _____ das Quadrat über der Hypotenuse.	kleiner als
2. Die Mantelfläche eines Kegels ist _____ _____ groß _____ die Oberfläche.	nicht so wie
3. Von zwei Stufenwinkeln ist einer _____ groß _____ der andere.	so | wie
4. Die Grundfläche eines Pyramidenstumpfes ist _____ _____ die Deckfläche.	größer als
5. Der Durchmesser eines Kreises ist _____ _____ groß _____ sein Halbmesser.	doppelt so | wie
6. Bei der Funktion $y = x^2$ ist jeder Wert für y _____ _____ der entsprechende x-Wert, wenn x größer als 1 ist.	größer als

Übung 6

Ergänzen Sie bitte!

1. $a : a_1 = b : b_1$ a verhält sich _____ a_1 _____ b _____ b_1.	zu | wie | zu
2. $d : d_1 = e : e_1$ d steht im selben Verhältnis _____ d_1 _____ e _____ e_1.	zu | wie zu
3. $x : y = p : q$ x _____ y _____ p _____ q.	zu | wie | zu
4. Werden zwei Strahlen von zwei Parallelen geschnitten, stehen die Abschnitte auf dem einen Strahl im selben Verhältnis _____ die Abschnitte auf dem anderen Strahl.	wie

8 Trigonometrie — Lernkontrolle

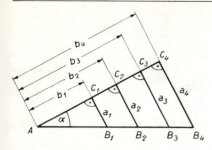

Zeichnet man einige rechtwinklige Dreiecke mit dem
_____ Winkel α und vergleicht man die
_____ , die von den Gegenkatheten und den
Ankatheten gebildet werden, so gilt aufgrund der
_____ der Dreiecke die _____ :
$\frac{a_1}{b_1} = \frac{a_2}{b_2} = \frac{a_3}{b_3} = \frac{a_n}{b_n}$

Die Seite a_1 _____ _____ zur Seite b_1 wie
die Seite a_2 zu b_2. Die Seite a_2 steht im selben
_____ ____ b_2 ____ a_3 zu b_3
und a_n ____ b_n. Man bezeichnet im rechtwinkligen Dreieck das _____ der _____
zur _____ als Tangens des Winkels. Der
Tangens ist ohne Rücksicht auf die _____ des
Dreiecks nur vom Öffnungswinkel _____ .

gleichen
Verhältnisse

Ähnlichkeit | Proportion/Verhältnisgleichung

verhält sich

Verhältnis zu | wie
zu

Verhältnis | Gegenkathete
Ankathete   thete
Größe
abhängig

8 Trigonometrie – Lernkontrolle

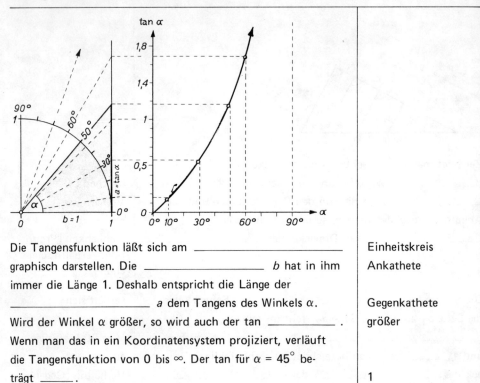

Die Tangensfunktion läßt sich am _____ | Einheitskreis
graphisch darstellen. Die _____ b hat in ihm | Ankathete
immer die Länge 1. Deshalb entspricht die Länge der
_____ a dem Tangens des Winkels α. | Gegenkathete
Wird der Winkel α größer, so wird auch der tan _____. | größer
Wenn man das in ein Koordinatensystem projiziert, verläuft
die Tangensfunktion von 0 bis ∞. Der tan für α = 45° be-
trägt _____. | 1

9 Mengenlehre

9 Mengenlehre

1, 2, 3, 4, 5, 6, 7, 8, 9, 10, 11, 12, 13, 14, 15 Das sind ganze Zahlen. Das ist die Menge der ganzen Zahlen von 1–15. a, e, i, o, u Das ist die Menge der Vokale im Alphabet. b, c, d, f, g, h, j, k, l, m, n, p, q, r, s, t, v, w, y, z Das ist die _____ der Konsonanten im Alphabet.	Menge
(Mengenbild mit a, e, i, o, u) Das ist das Bild einer Menge. Das ist also ein Mengenbild.	
(Mengenbild mit Konsonanten b, c, d, f, g, h, j, k, l, m, n, p, q, r, s, t, v, w, y, z) Das ist auch ein _____ . Das ist das Bild der _____ der Konsonanten im Alphabet.	Mengenbild Menge
(Mengenbild mit a, e, i, o, u) Das ist ein _____ . Man nennt es auch „Mengendiagramm" oder „Venndiagramm".	Mengenbild

9 Mengenlehre

(Bild: Oval mit a, e, i, o, u)	
Das ist das Bild einer _____ .	Menge
Diese Menge hat als Elemente die Vokale *a*, *e*, *i*, *o*, *u*.	
Diese Menge hat also _____ Elemente.	fünf
(Bild: Oval mit 2, 4, 6, 8, 10)	
Das ist das Bild der _____ der geraden Zahlen von 1–10.	Menge
Die Menge der geraden Zahlen von 1–10 hat fünf _____ .	Elemente
(Bild: Oval mit a, e, i, o, u)	
Das ist ein _____ .	Mengenbild
Diese Menge hat fünf _____ .	Elemente
a ist ein Element dieser Menge.	
Man sagt:	
a ist Element dieser Menge.	
e ist auch _____ dieser Menge.	Element
o ist _____ dieser Menge.	Element
v ist nicht _____ dieser Menge.	Element

9 Mengenlehre

{ a e
  o   i
    u } A

Das ist das Bild der _____ A.	Menge
Die Menge A hat die _____ a, e, i, o, u.	Elemente
Dafür kann man auch schreiben: A = {a, e, i, o, u} Man setzt die Elemente der Menge also in geschweifte Klammern.	
A = {a, e, i, o, u} Man liest: „a, e, i, o, u sind Elemente der Menge A"	
Bitte lesen Sie! A = {1, 2, 3, 4, 5} „1, 2, 3, 4, 5 _____ _____ der Menge A"	sind Elemente
B = {2, 4, 6, 8, 10} „2, 4, 6, 8, 10 _____ _____ der Menge B"	sind Elemente

Das ist das Bild der _____ _____.	Menge B
B hat sechs _____.	Elemente
α ist _____ der Menge B.	Element
Man sagt auch: α ist als Element in der Menge B enthalten.	

9 Mengenlehre

Auch β ist _____ _____ in der Menge B enthalten.	als Element
Auch γ ist als Element in der Menge B _____ .	enthalten
α ist _____ _____ in der Menge B _____ .	als Element enthalten
Man schreibt: α ∈ B Man liest: α ist Element der Menge B oder: α ist Element von B	
Bitte lesen Sie! β ∈ B „β _____ _____ von B"	ist Element
γ ∈ B „γ _____ _____ von ____"	ist Element | B
δ ∈ B „δ _____ _____ _____ ____"	ist Element von B

(Menge A enthält: α, ε, ι, η, υ, ο, ω)

Ist β Element der Menge A?
      ja
      nein   nein

β ist nicht _____ der Menge A.   Element

Man schreibt:
β ∉ A

9 Mengenlehre

Man liest: „β ist nicht Element der Menge A" oder: „β ist nicht Element von A"	
Bitte lesen Sie! $\gamma \notin A$ „γ ist _____ _____ von A"	nicht Element
$\delta \notin A$ „δ _____ _____ _____ von A"	ist nicht Element
$\pi \notin A$ „π _____ _____ _____ _____ A"	ist nicht Element von
$M = \{1, 2, 3, 4 \ldots\}$ Die Menge M ist die _____ aller natürlichen Zahlen. Man schreibt für die Menge aller natürlichen Zahlen N oder $\mathbb{N}$ N ist also die Bezeichnung für die _____ _____ natürlichen Zahlen.	Menge Menge aller
Es gibt unendlich viele natürliche Zahlen. Die Menge aller natürlichen Zahlen hat also unendlich viele _____ . Hat eine Menge unendlich viele Elemente, so handelt es sich um eine unendliche Menge. Eine unendliche Menge ist also eine Menge mit _____ _____ Elementen.	Elemente unendlich vielen
$A = \{3, 6, 9, 12 \ldots\}$ A ist eine _____ Menge.	unendliche

9 Mengenlehre

$A = \{a, e, i, o, u\}$ A ist keine _____ Menge, A ist eine _____ Menge.	unendliche endliche
$M = \{1, 2, 3, 4\}$ M ist eine _____ Menge, denn M ist die _____ aller natürlichen Zahlen von 1–4. M ist also die _____ _____ natürlichen Zahlen, die kleiner als 5 sind. Man schreibt allgemein: $M = \{x \mid x \in \mathbb{N} \text{ und } x < 5\}$ Elemente, die zu einer Menge gehören, bezeichnet man allgemein mit x. Hier sind die Elemente der Menge M alle natürlichen Zahlen, die kleiner als 5 sind. Man schreibt: $x \in \mathbb{N}$ und $x < 5$ M ist also die Menge aller x, für die gilt: x ist eine natürliche Zahl und x ist kleiner als 5	endliche Menge Menge aller
$A = \{x \mid x \in \mathbb{N} \text{ und } 2 < x < 7\}$ Welche natürlichen Zahlen sind die Elemente von A? Die Zahlen ____ , ____ , ____ , ____ sind Elemente von A. Warum? Die Zahlen 3, 4, 5, 6 sind _____ als 2 und _____ als 7. Die Menge A ist die Menge aller Elemente, für die gilt: x ist _____ als ____ und _____ als ____ . Die Zahlen 3, 4, 5, 6 sind also _____ von A.	3, 4, 5, 6 größer kleiner größer | 2 | kleiner 7 | Elemente

9 Mengenlehre

$B = \{x \mid x \in \mathbb{N} \text{ und } x < 10\}$	
B ist die Menge _____ x, für die gilt:	aller
$\quad x$ ist eine _____ Zahl	natürliche
und x ist _____ als 10.	kleiner
$C = \{x \mid x \text{ ist gerade natürliche Zahl}\}$	
C ist die Menge _____ _____ Zah-	aller geraden
len, denn C ist die Menge _____ _____, für die gilt:	aller x
$\quad x$ ist eine _____ Zahl	natürliche
und x ist eine _____ Zahl.	gerade
$C = \{x \mid x \in \mathbb{N} \text{ und } x < 20\}$	
C ist die _____ _____ _____,	Menge aller x
für die gilt:	
$\quad x$ ist eine _____ _____	natürliche Zahl
und x ist _____ _____ 20.	kleiner als

A ist die _____ der Buchstaben des Alphabets.	Menge
Das Alphabet besteht aus Konsonanten und Vokalen.	
Die Buchstaben $b, c, d, f, g, h, j, k, l, m, n, p, q, r, s, t, v,$	
w, x, y und z sind die Konsonanten, die Buchstaben	
____, ____, ____, ____ und ____ die Vokale.	$a, e, i, o \mid u$
Da das Alphabet aus Konsonanten _____ Vokalen be-	und
steht, sind die Vokale Teil des Alphabets.	
Sie bilden die _____ B der Vokale des Alphabets.	Menge

9 Mengenlehre

Alle Buchstaben des Alphabets bilden eine Menge.
Die Menge der Vokale ist ein Teil der Menge A aller Buchstaben des Alphabets.
Die Menge der Vokale bildet eine Teilmenge.

A ist die _____ _____ Buchstaben des Alphabets.	Menge aller
B ist die _____ der Vokale.	Menge
Sie ist Teilmenge _____ Buchstaben des Alphabets.	aller
Auch die Menge aller Konsonanten ist _____ aller Buchstaben des Alphabets.	Teilmenge
B ist Teilmenge von A.	
Man schreibt:	
$B \subset A$	
Man liest:	
„B ist Teilmenge von A"	
Bitte lesen Sie!	
$A \subset B$	
„A ist _____ _____ __"	Teilmenge von B
$B \subset A$	
„_____ _____ _____ _____ __"	B ist Teilmenge von A

9 Mengenlehre

(Diagram: Set A contains {1, 2, 3, 4, 5}; Set B inside A contains {2, 4})	
B ist _____ von A.	Teilmenge
Sind alle Elemente einer Menge B auch in einer Menge A enthalten, so ist B eine _____ von A.	Teilmenge
Für „Teilmenge" sagt man auch „Untermenge".	
Eine Menge B ist also dann Untermenge einer Menge A, wenn alle Elemente von _____ auch _____ von _____ sind.	B | Elemente A
(Diagram: Set A contains {a, b, c, d}; Set B contains {1, 2, 3, 4})	
Ist B Untermenge von A? ja nein	nein
B ist _____ U _____ von A, weil die Elemente von B _____ Elemente der Menge A sind.	nicht Untermenge nicht
B ist nicht Teilmenge von A.	
Man schreibt: $B \not\subset A$	
Man liest: „B ist nicht Teilmenge von A"	
Bitte lesen Sie! $A \not\subset B$ „A ist _____ _____ von B"	nicht Teilmenge

9 Mengenlehre

$B \not\subset A$ „___ ist ___ ___ von ___"	B | nicht Teilmenge | A
$C \not\subset D$ C ist ___ ___ von D, das heißt, die Elemente von ___ sind ___ ___ von ___ .	nicht Teilmenge C | nicht Elemente D
[Venn-Diagramm: Menge Y mit Elementen 1, 4, 5, 6 und Teilmenge X mit 2, 3; separate Menge Z mit a, b, c]	
X ist ___ ___ von Y, weil die Elemente von ___ auch Elemente von ___ sind.	Teilmenge X | Y
Z ist ___ ___ ___ von Y, weil die Elemente von ___ nicht auch Elemente von ___ sind.	nicht Teilmenge Z | Y
Eine Menge X ist also nur dann ___ einer Menge Y, wenn jedes Element von X auch Element von Y ist. Man sagt auch: Eine Menge X ist dann und nur dann Teilmenge einer Menge Y, wenn ___ Element von X auch Element von Y ist.	Teilmenge jedes
Oder man sagt auch: Eine Menge X ist genau dann Teilmenge einer Menge Y, wenn ___ ___ von X ___ Element von Y ist.	jedes Element auch
$X \subset Y$ X ___ ___ ___ Y.	ist Teilmenge von
$Z \not\subset Y$ Z ___ ___ ___ ___ Y.	ist nicht Teilmenge von

9 Mengenlehre

$a \in B$ a _____ _____ _____ B.	ist Element von
$\alpha \notin B$ α _____ _____ _____ _____ B.	ist nicht Element von
Das ist das Diagramm einer _____ von rechtwinkligen Dreiecken.	Menge
Das ist das Diagramm der Menge A. Die Menge A enthält alle Dreiecke mit vier Ecken. Die Menge A hat also keine Elemente, weil es keine Dreiecke mit vier Ecken gibt. Eine Menge, die keine Elemente hat, ist eine leere Menge.	
Ist die Menge aller Dreiecke mit zwei rechten Winkeln eine leere Menge? ja nein	ja
Die Menge aller Dreiecke mit zwei rechten Winkeln ist eine _____ Menge, weil sie keine Elemente hat.	leere
Auch die Menge aller eckigen Kreise ist eine _____ _____ , weil sie _____ Elemente hat.	leere Menge | keine

9 Mengenlehre

Eine Menge A, die keine Elemente hat, ist also eine _____ _____ . Man schreibt: A = { } oder A = ∅	leere Menge

B = {0}
 Ist B eine leere Menge?
                             ja
                             nein
 Das Symbol für eine leere Menge ist _____ oder _____ .
 B ist also keine _____ _____ .
 B ist eine Menge, die als einziges Element Null hat.
	nein
	
	 ∅ | { }
	 leere Menge

A = ∅ A ist eine _____ _____ . B = {0} B ist eine Menge mit dem einen _____ _____ .	leere Menge Element Null
A = {1, 3, 5, 7} B = {3, 7, 11} Die Mengen A und B haben die Elemente ____ und ____ gemeinsam. Die Elemente 3 und 7 sind also Element der Menge A und auch Element der Menge B. Man sagt auch: Die Elemente 3 und 7 sind sowohl Element der Menge A als auch Element der Menge B.	3 | 7

9 Mengenlehre

(Venn-Diagramm: A enthält 5, 1; Schnitt C enthält 3, 7; B enthält 11)	
A und B haben die Elemente 3 und 7 _____ .	gemeinsam
Diese Elemente gehören also sowohl zu _____ als auch zu	A
_____ .	B
Sie bilden eine neue Menge, die Menge C.	
(Venn-Diagramm: A enthält 5, 1; Schnitt C enthält 3, 7; B enthält 11)	
Die Menge C wird also von Elementen gebildet, die sowohl	
zu A _____ _____ zu B gehören.	als auch
Man sagt:	
C ist die Schnittmenge der Mengen A und B.	
(Venn-Diagramm: A enthält b, a; Schnitt C enthält c, d; B enthält e)	
Die Menge C ist die _____ der Mengen	Schnittmenge
A und B, denn die Elemente der Menge C gehören	
_____ zu A _____ _____ zu B.	sowohl | als auch
Eine Schnittmenge C zweier Mengen A und B ist also die	
Menge der Elemente, die _____ zu A _____	sowohl | als
_____ zu B gehören.	auch
Für „Schnittmenge" sagt man auch „Durchschnittsmenge" oder „Durchschnitt".	

9 Mengenlehre

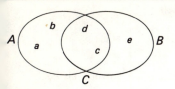

C ist der _____ von *A* und *B*. Man schreibt: *C* = *A* ∩ *B* Man liest: „*C* ist gleich *A* geschnitten mit *B*" oder: „*A* geschnitten mit *B* ist *C*" oder auch: „Der Durchschnitt von *A* und *B* ist *C*"	Durchschnitt
Bitte lesen Sie! *A* ∩ *B* = *C* „*A* geschnitten _____ *B* _____ *C*"	mit | ist
C ∩ *D* = *E* „*C* _____ _____ *B* ist *E*"	geschnitten mit
X ∩ *Y* = *Z* „Der _____ _____ *X* und *Y* ist *Z*"	Durchschnitt von
C = *A* ∩ *B* „*C* ist gleich *A* _____ _____ *B*"	geschnitten mit
Eine _____ *C* zweier Mengen *A* und *B* ist die Menge der Elemente, die sowohl zu *A* als auch zu *B* gehören. Allgemein gilt: *A* ∩ *B* = {*x* | *x* ∈ *A* und ∈ *B*} Die Schnittmenge *A* ∩ *B* ist die Menge aller Elemente, für die gilt: *x* ist _____ Element von *A* _____ _____ von *B*.	Schnittmenge sowohl | als auch

9 Mengenlehre

$C \cap D = \{x \mid x \in C \text{ und } \in D\}$ Diese Schnittmenge ist die Menge _____ x, für die gilt: x ist _____ Element von C _____ _____ von D.	aller sowohl | als auch
$X \cap Y = \{x \mid x \in X \text{ und } \in Y\}$ Diese _____ ist die Menge aller x, für die gilt: x ist _____ _____ von X _____ _____ von Y.	Schnittmenge sowohl Element | als auch
[Venn-Diagramm: A, B, C] $A = \{x \mid x \text{ ist ungerade natürliche Zahl}\}$ $B = \{x \mid x \in \mathbb{N} \text{ und } x < 10\}$ A ist die Menge aller x, für die gilt: x ist eine _____ _____ . A ist also die Menge aller _____ _____ . B ist die _____ _____ x, für die gilt: x ist _____ als _____ . B ist also die Menge aller natürlichen Zahlen, die _____ _____ 10 sind. Welche Elemente hat die Schnittmenge C? Die Schnittmenge C enthält Elemente, die _____ zu A als auch zu B gehören. Die Schnittmenge C enthält also Elemente, die sowohl _____ als auch natürliche Zahlen sind. Diese Zahlen sind kleiner als 10. $A \cap B = \{x \mid x \text{ ist ungerade natürliche Zahl und } x < 10\}$	 ungerade Zahl ungeraden Zahlen Menge aller kleiner | 10 kleiner als sowohl ungerade

9 Mengenlehre

Die Schnittmenge C hat also die Elemente ___ , ___ , ___ , ___ , ___ .	1, 3, 5, 7, 9
A _____ _____ B ist also {1, 3, 5, 7, 9}.	geschnitten mit
Der _____ von A und B ist die Menge aller x, für die gilt:	Durchschnitt
x ist sowohl Element von _____ als auch von _____ .	$A \mid B$

A(a b c)   (1 2 3)B

Haben die Mengen A und B gemeinsame Elemente? ja nein	nein
Die Mengen A und B haben keine _____ Elemente.	gemeinsamen
Man sagt: A und B sind elementfremd. oder: A und B sind disjunkt.	

A(a b c)   (α β γ)B

Sind die Mengen A und B disjunkt? ja nein	ja
Die Mengen A und B sind _____ , denn sie haben keine _____ _____ .	disjunkt gemeinsamen Elemente

$A = \{x \mid x \text{ ist ungerade Zahl}\}$
$B = \{x \mid x \text{ ist gerade Zahl}\}$

9 Mengenlehre

Die Mengen A und B sind _____, denn sie haben _____ _____ _____ .	disjunkt keine gemeinsamen Elemente
$A = \{x \mid x \text{ ist gerade Zahl}\}$ $B = \{x \mid x < 10\}$ Sind die Mengen A und B elementfremd? 　　　　　　　　　　　　　　　ja 　　　　　　　　　　　　　　　nein Die Mengen A und B sind nicht _____ , weil sie gemeinsame Elemente haben. Nur Mengen, die keine gemeinsamen Elemente haben, sind _____ .	nein elementfremd elementfremd/ disjunkt
$A\bigcirc \quad \bigcirc B$ A ist die Menge aller in Deutschland lebenden Deutschen. B ist die Menge aller im Ausland lebenden Deutschen. A zusammen mit B ist die Menge aller Deutschen. Man sagt auch: A vereinigt mit B ist die Menge V aller Deutschen. V ist also die Vereinigungsmenge der Mengen ____ und ____ . Die Vereinigungsmenge V ist die Menge aller Elemente, die zur Menge A oder zur Menge B gehören. Man sagt auch: V ist die Menge der Elemente, die entweder zu A oder zu B gehören. Man schreibt: $A \cup B = V$ Man liest: A vereinigt mit B gleich V.	A B

9 Mengenlehre

Bitte lesen Sie! $A \cup B = C$ „A _____ mit B gleich C"	vereinigt
$X \cup Y = Z$ „X _____ _____ Y gleich Z"	vereinigt mit
$A \cup B = \{x \mid x \in A \text{ oder } x \in B\}$ A _____ _____ B ist die Menge aller x, für die gilt: x ist Element von ____ oder x ist Element von ____ .	vereinigt mit A | B

A ∪ B (Venn-Diagramm: überlappende Mengen, beide schraffiert, V)

A ist die Menge aller deutschen Weintrinker.
B ist die Menge aller deutschen Biertrinker.

A vereinigt mit B ist die Menge aller Deutschen, die Wein, Bier oder beides trinken.

Die Menge der Elemente, die entweder zu A oder zu B oder zu A und B gehören, ist die _____ von A und B.	Vereinigungsmenge
$A \cup B = \{x \mid x \in A \text{ oder } x \in B\}$ A _____ _____ B ist die Menge aller x, für die gilt: x ist entweder Element von ____ _____ von ____ _____ x ist Element von A und B.	vereinigt mit A oder | B oder

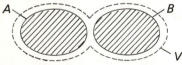

A ist die Menge aller indischen Elefanten.
B ist die Menge aller afrikanischen Elefanten.

9 Mengenlehre

A _____ _____ B ist die Menge aller Elefanten. Die Menge aller Elefanten ist die V _____ der Mengen A und B.	vereinigt mit Vereinigungsmenge
Die Vereinigungsmenge V ist also die Menge der Elemente, die _____ zu A _____ zu B gehören.	entweder | oder
$A \cup B = \{x \mid x \in A \text{ oder } x \in B\}$	
A _____ _____ B ist die Menge aller x, für die gilt:	vereinigt mit
x ist _____ Element von A _____ von B.	entweder | oder

A (1, 2, 3, 4, 5, 6)   B (5, 6, 7, 8, 9, 10)

A   = 1, 2, 3, 4, 5, 6
B   = 5, 6, 7, 8, 9, 10
$A \cup B$ = 1, 2, 3, 4, 5, 6, 7, 8, 9, 10

Die _____ $A \cup B$ hat die Elemente 1, 2, 3, 4, 5, 6, 7, 8, 9, 10.	Vereinigungsmenge
Sie ist die Menge aller x, die _____ zu A _____ zu B oder zu A und B gehören.	entweder oder

A (2, 3, 4, 1, 5, 6, 10, 7, 8, 9) B

A und B haben zwei _____ Elemente. In der Vereinigungsmenge treten diese beiden Elemente nur einmal auf, denn die Vereinigungsmenge hat die Elemente 1, 2, 3, 4, 5, 6, 7, 8, 9, 10.	gemeinsame

9 Mengenlehre

Die Vereinigungsmenge ist also _____ Addition der Mengen A und B.	keine
Die Vereinigungsmenge ist eine Vereinigung der Elemente von A und B zu einer neuen Menge.	
Die Elemente, die A und B _____ haben, werden also nicht verdoppelt.	gemeinsam
Sie treten nur einmal in der neugebildeten Menge auf.	

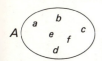

Die Elemente der Vereinigungsmenge von A und B sind ___, ___, ___, ___, ___, ___, ___,	a, b, c, d, e, f, g
denn die Elemente der Mengen A und B treten in der _____ nur einmal auf.	Vereinigungsmenge

$A = \{a, b, c, d, e, f\}$
$B = \{d, e, f, g\}$

Die _____ $A \cup B$ ist die Menge aller x, für die gilt:	Vereinigungsmenge
x ist _____ Element von A _____ von B	entweder | oder
oder x ist Element von A _____ B.	und

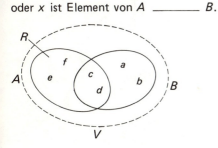

V ist die _____ der Menge A und B.	Vereinigungsmenge
e ist nur Element von ___ und _____ Element von B.	A | nicht

9 Mengenlehre

f ist ———— Element von A, ———— aber Element von B.	nur | nicht
e und f sind also ———— Elemente von A, ———— aber von B.	nur | nicht
e und f bilden eine neue Menge, die Menge R. Diese neue Menge R heißt Restmenge.	
Eine Restmenge zweier Mengen A und B ist also die Menge derjenigen Elemente, die ———— zu A, ———— aber zu B gehören.	nur | nicht
A (f c (a) B) e d b	
Sind a und b Elemente einer Restmenge?	ja
	ja nein
a und b sind Elemente einer ————————, weil sie ———— zu B, ———— aber zu A gehören.	Restmenge nur | nicht
Eine ———————— zweier Mengen B und A ist also die Menge derjenigen Elemente, die nur zu ————, nicht aber zu ———— gehören.	Restmenge B A
Man schreibt: $B \setminus A = R$	
Man liest: „B ohne A gleich R"	
Bitte lesen Sie! $A \setminus B = R$ „A ———— B gleich R"	ohne
$R = B \setminus A$ „R gleich ———— ———— ————"	B ohne A

9 Mengenlehre

$A \setminus B = \{x \mid x \in A \text{ und } x \notin B\}$ Die _____ $A \setminus B$ ist die Menge aller x, für die gilt: x ist nur _____ von ____ und x ist _____ _____ von ____ .	Restmenge Element | A nicht Element | B
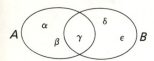 α und β sind Elemente einer _____ , weil sie _____ zu A, _____ aber zu B gehören. Man sagt auch: α und β sind Elemente einer Differenzmenge. Man bezeichnet also die Menge derjenigen Elemente, die nur zu A, nicht aber zu B gehören, auch als _____ .	Restmenge nur | nicht Differenzmenge
$A = \{3, 6, 9, 12, 15\}$ $B = \{1, 3, 5, 7, 9, 11, 13, 15\}$ Bilden Sie bitte die Differenzmenge der Mengen A und B! $A \setminus B = \{x \mid x \in A \text{ und } x \notin B\}$ Die _____ $A \setminus B$ ist also die Menge aller x, für die gilt: x ist Element von ____ und x ist _____ Element von ____ . Sie hat also die Elemente ____ und _____ , weil diese _____ zu ____ und _____ zu ____ gehören. Die Differenzmenge der Mengen B und A ist die Menge derjenigen Elemente, die _____ zu ____ , _____ aber zu _____ gehören. Sie hat deshalb die Elemente ____ , ____ , ____ , _____ , ____ .	Differenzmenge/Restmenge A nicht | B 6 | 12 nur | A | nicht | B nur | B, nicht 1, 5, 7, 11, 13

9 Mengenlehre

Volkswagen, Coca Cola, Englisch, Hamburg
Sprache, Auto, Getränk, Stadt

Welche Wörter stehen in einem Zusammenhang?

Hamburg	Stadt	
Volkswagen	_____	Auto
Coca Cola	_____	Getränk
Englisch	_____	Sprache

Hamburg ist eine Stadt.
In der Mengenlehre bilden die Wörter „Hamburg" und „Stadt" ein Paar.
Die Wörter „Volkswagen" und _____ bilden ein Paar. — Auto
Auch die Wörter „Coca Cola" und „Getränk" bilden ein _____ . — Paar
Die Wörter „Volkswagen" und „Sprache" bilden _____ . — kein Paar

Verbinden Sie bitte die Wörter zu geordneten Paaren!

Die Wörter „Auto" und „Mercedes" bilden ein geordnetes Paar.
Auch die Wörter „ _____ " und „Volkswagen" bilden ein geordnetes Paar. — Auto

9 Mengenlehre

Die Wörter „Auto" und „_____" bilden ein geordnetes Paar.	Fiat
Die Wörter „Land" und „Kanada" bilden ein geordnetes _____.	Paar
Auch die Wörter „Land" und „Türkei" bilden ein _____ Paar.	geordnetes
Die Wörter „Land" und „USA" bilden ein _____ _____.	geordnetes Paar
Bitte verbinden Sie die Elemente der Mengen A und B zu geordneten Paaren! 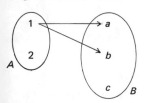 Es entstehen folgende Paare: (1|a) (1|b) (1|c) (2|a) (2|___) (___|___) Diese Paare bilden eine neue Menge, die Kreuzmenge. Man schreibt: A × B Man liest: „A Kreuz B"	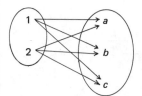 b 2|c
Bitte lesen Sie! A × B = C „A _____ B gleich C"	Kreuz
B × A = D „___ _____ ___ gleich D"	B Kreuz A

9 Mengenlehre

$A \times B = \{(x\|y) \mid x \in A \text{ und } y \in B\}$ $A \underline{} B$ ist die Menge aller Paare $(x\|y)$, für die gilt: x ist $\underline{}$ von $\underline{}$ und y ist $\underline{}$ von $\underline{}$. Die Kreuzmenge $A \times B$ ist also die Menge aller geordneten $\underline{}$ $(x\|y)$, für die gilt: x ist $\underline{}$ von $\underline{}$ $\underline{}$ y ist $\underline{}$ von $\underline{}$.	Kreuz Element | A Element | B Paare Element | A und | Element | B
Bitte bilden Sie die Kreuzmenge $A \times B$! $ A = a, b, c$ $ B = x, y, z$ $A \times B = \{(a\|x), (a\|y), (a\|\underline{})$, $ (b\|x), (\underline{}\|\underline{}), (\underline{}\|\underline{})$ $ (\underline{}\|\underline{}), (\underline{}\|\underline{}), (\underline{}\|\underline{})\}$ Die $\underline{}$ $A \times B$ ist also die Menge aller geordneten Paare, bei denen das 1. Glied Element der Menge A und das 2. Glied Element der Menge B ist. Für „Kreuzmenge" sagt man auch „Produktmenge".	z $b\|y \quad b\|z$ $c\|x \quad c\|y \quad c\|z$ Kreuzmenge
Bitte bilden Sie die Produktmenge $B \times A$! $ A = \{a, b, c\}$ $ B = \{x, y, z\}$ $B \times A = \{(x\|a), (x\|\underline{}), (\underline{}\|\underline{})$ $ (y\|\underline{}), (\underline{}\|\underline{}), (\underline{}\|\underline{})$ $ (\underline{}\|\underline{}), (\underline{}\|\underline{}), (\underline{}\|\underline{})\}$ Die $\underline{}$ $B \times A$ ist also die Menge aller geordneten Paare, bei denen das 1. Glied Element der Menge $\underline{}$ und das 2. Glied Element der Menge $\underline{}$ ist.	$b \quad x\|c$ $a \quad y\|b \quad y\|c$ $z\|a \quad z\|b \quad z\|c$ Kreuzmenge/Produktmenge $B\|A$

9 Mengenlehre

$A = \{1, 2\}$ $B = \{3, 4\}$ Die Produktmenge $A \times B$ hat die Elemente _____, _____, _____, _____. Sie ist die Menge aller _____ Paare, bei denen das 1. Glied Element aus der Menge ____ und das 2. Glied Element aus der Menge ____ ist. (3|1), (3|2), (4|1) und (4|2) sind die Elemente der _____ $B \times A$. Sie ist die Menge aller _____ _____, bei denen das 1. Glied Element aus der Menge ____ und das 2. Glied Element aus der Menge ____ ist.	(1|3), (1|4), (2|3), (2|4) geordneten A B Produktmenge/Kreuzmenge geordneten Paare B A

$A = \{2, 3\}$
 $B = \{a, b, c\}$
 Die _____ $A \times B$ hat die Elemente (2|a), (2|b), (2|c), (3|a), (3|b) und (3|c).
 Sie ist die Menge aller _____ _____ (x|y), für die gilt:
     ____ ist Element von ____
     ____ ____ ist Element von ____ .
	Produktmenge/Kreuzmenge
	
	 geordneten Paare
	
	 x|A
	 und y|B

9 Mengenlehre — Lernkontrolle

Wiederholen Sie auf Seite ↓

1. $A = \{a, e, i, o, u\}$ Die Vokale des Alphabets sind als _____ in der _____ A enthalten.	Elemente Menge	341 340
2. $A = \{a, e, i, o, u\}$ Die Menge A ist eine _____ der Menge aller Buchstaben des Alphabets.	Teilmenge/Untermenge	347/ 348
3. $\mathbb{N}$ ist das Zeichen für die _____ aller natürlichen Zahlen. Dabei handelt es sich um eine _____ Menge.	Menge unendliche	344 344
4. $M = \{x \mid x < 5\}$ Die Zahl 10 ist _____ _____ von M.	nicht Element	343
5. $B = \{\ \}$ B ist eine _____ _____.	leere Menge	350
6. $C = \{0\}$ Die Menge C enthält als _____ _____.	Element Null	351
7. Die Menge der Elemente, die sowohl zu einer Menge A als auch zu einer Menge B ehören, nennt man die _____ der Mengen A und B.	Schnittmenge	352
8. Die Menge der Elemente, die entweder zu einer Menge X oder zu einer Menge Y oder zu X und Y gehören, ist die _____ von X und Y.	Vereinigungsmenge	356

9 Mengenlehre — Lernkontrolle

Wiederholen Sie auf Seite ↓

9. Die Menge der Elemente, die nur zu A und nicht zu B gehören, heißt _____ der beiden Mengen A und B.	Restmenge/Differenzmenge	360
10. Die _____ $A \times B$ ist die Menge aller geordneten Paare, bei denen das 1. Glied _____ aus der Menge A und das 2. Glied _____ aus der Menge B ist.	Produktmenge/Kreuzmenge Element Element	363/364 364 364

9 Mengenlehre — Hinführung zum Text

Mengendarstellung

Mengendarstellung, Darstellung, aus der die Zusammensetzung einer Menge eindeutig erkennbar ist. Man unterscheidet im wesentlichen drei Arten der Mengendarstellung: die aufzählende Form, die Diagrammform und die beschreibende Form.

1.) *Die aufzählende Form:* Bei der aufzählenden Form werden die ↑ Elemente der Menge einzeln aufgeschrieben und zum Zeichen ihrer Zusammenfassung zu einem Ganzen in geschweifte Klammern gesetzt. Die Menge der vier Geschwister Andrea, Daniela, Markus und Christoph wird also folgendermaßen geschrieben:

{Andrea, Daniela, Markus, Christoph}

Handelt es sich bei den Elementen der Menge um Buchstaben, so ordnet man sie gewöhnlich nach dem Alphabet, handelt es sich um Zahlen, so ordnet man sie nach ihrer Größe. Die Menge der Buchstaben des Wortes „Mengenlehre" schreibt man also folgendermaßen:

{*e, g, h, l, m, n, r*}

Beachte: Jeder Buchstabe wird in der Menge nur einmal aufgeführt! Die Menge der ↑ ungeraden Zahlen, die kleiner als 10 sind, hat die folgende Form: {1, 3, 5, 7, 9}

Bei Zahlenmengen mit sehr vielen Elementen läßt sich die aufzählende Form der Mengendarstellung oft erheblich vereinfachen. Soll man beispielsweise die Menge M der natürlichen Zahlen zwischen 1 und 100 in aufzählender Form darstellen, so schreibt man nur die drei ersten Elemente und, durch drei Pünktchen davon getrennt, das letzte Element auf, also:
{1, 2, 3 ... 100}. Entsprechend ergibt sich für die geraden Zahlen zwischen 1 und 500 die folgende Darstellung:
{2, 4, 6 ... 500}. Auch unendliche Zahlenmengen lassen sich oft in aufzählender Form darstellen. Man führt dabei nur so viele Elemente an, daß die Zusammensetzung der Menge klar und eindeutig ersichtlich wird und ersetzt alle folgenden durch drei Pünktchen.

9 Mengenlehre — Hinführung zum Text

Die unendliche Menge *N* der natürlichen Zahlen schreibt man also folgendermaßen: *N* = {1, 2, 3, 4 ...} Und für die unendliche Menge *G* der geraden Zahlen schreibt man: *G* = {2, 4, 6, 8 ...}	
In diesem Text ist das Wort **„Mengendarstellung"** fett gedruckt. Die Wörter *„Die aufzählende Form"* sind kursiv gedruckt. Das Wort „Mengenlehre" ist mit Anführungszeichen („ ") geschrieben. Unterstreichen Sie bitte im obenstehenden Text alle fett und kursiv gedruckten Wörter, alle Wörter in Anführungszeichen, alle Zahlen und Mengenangaben.	
Mengendarstellung, Darstellung, aus der die Zusammensetzung einer Menge eindeutig erkennbar ist. Man unterscheidet im wesentlichen drei Arten der Mengendarstellung: die aufzählende Form, die Diagrammform und die beschreibende Form.	Mengendarstellung
1.) *Die aufzählende Form*: Bei der aufzählenden Form werden die ↑ Elemente der Menge einzeln aufgeschrieben und zum Zeichen ihrer Zusammenfassung zu einem Ganzen in geschweifte Klammern gesetzt. Die Menge der vier Geschwister Andrea, Daniela, Markus und Christoph wird also folgendermaßen geschrieben:	1.) Die aufzählende Form
{Andrea, Daniela, Markus, Christoph}	{Andrea, Daniela, Markus, Christoph}
Handelt es sich bei den Elementen der Menge um Buchstaben, so ordnet man sie gewöhnlich nach dem Alphabet, handelt es sich um Zahlen, so ordnet man sie nach ihrer Größe. Die Menge der Buchstaben des Wortes „Mengenlehre" schreibt man also folgendermaßen:	„Mengenlehre"
{*e, g, h, l, m, n, r*}	{*e, g, h, l, m, n, r*}
Beachte: Jeder Buchstabe wird in der Menge nur einmal aufgeführt! Die Menge der ↑ ungeraden Zahlen, die kleiner als 10 sind, hat die folgende Form: {1, 3, 5, 7, 9}	10 {1, 3, 5, 7, 9}

9 Mehrenlehre — Hinführung zum Text

Bei Zahlenmengen mit sehr vielen Elementen läßt sich die aufzählende Form der Mengendarstellung oft erheblich vereinfachen. Soll man beispielsweise die Menge M der natürlichen Zahlen zwischen 1 und 100 in aufzählender Form darstellen, so schreibt man nur die drei ersten Elemente und, durch drei Pünktchen davon getrennt, das letzte Element auf, also: {1, 2, 3 ... 100}. Entsprechend ergibt sich für die geraden Zahlen zwischen 1 und 500 die folgende Darstellung: {2, 4, 6 ... 500}. Auch unendliche Zahlenmengen lassen sich oft in aufzählender Form darstellen. Man führt dabei nur so viele Elemente an, daß die Zusammensetzung der Menge klar und eindeutig ersichtlich wird und ersetzt alle folgenden durch drei Pünktchen. Die unendliche Menge N der natürlichen Zahlen schreibt man also folgendermaßen:

$N = \{1, 2, 3, 4 \ldots\}$

	1 | 100
	{1, 2, 3 ... 100}
	1 | 500
	{2, 4, 6 ... 500}
	$N = \{1, 2, 3, 4 \ldots\}$

Und für die unendliche Menge G der geraden Zahlen schreibt man:

$G = \{2, 4, 6, 8 \ldots\}$ | $G = \{2, 4, 6, 8 \ldots\}$

Mengendarstellung

Dieser Text beschreibt, wie man ——————— darstellt.   Mengen

1.) Die aufzählende Form

Der Text beschreibt zuerst die aufzählende ——————— der Mengendarstellung.   Form

Gibt es noch andere Formen der Mengendarstellung?

                        ja   ja
                        nein

Warum?

Vor „*Die aufzählende Form*" steht 1.), d. h., es gibt also noch andere Formen.

Sind diese anderen Formen in diesem Text beschrieben?

                        ja
                        nein   nein

Warum nicht?

9 Mengenlehre — Hinführung zum Text

In diesem Text gibt es kein „2.)", „3.)" usw. Die aufzählende Form ist eine Art der _____ .	Mengendarstellung
Der erste Abschnitt des Textes gibt an, wie viele Arten der Mengendarstellung es gibt. Es gibt _____ Arten der Mengendarstellung: 1.) die _____ _____ , 2.) die _____ und 3.) die _____ _____ .	drei aufzählende Form Diagrammform beschreibende Form
1.) Die aufzählende Form: {Andrea, Daniela, Markus, Christoph} Das ist die Darstellung einer _____ . Sie steht in geschweiften Klammern. „Andrea", „Daniela", „Markus" und „Christoph" sind die _____ dieser Menge. In dieser Mengendarstellung werden die Elemente einzeln aufgezählt. Es handelt sich also um die aufzählende _____ der Mengendarstellung.	Menge Elemente Form
„Mengenlehre" Die Elemente des Wortes „Mengenlehre" sind die Buchstaben ____ , ____ , ____ , ____ , ____ , ____ und ____ . {e, g, h, l, m, n, r} Das ist die _____ der Buchstaben des Wortes „Mengenlehre". In der aufzählenden Mengendarstellung werden die Elemente in _____ Klammern geschrieben. Sie werden nach dem Alphabet geordnet. Jeder Buchstabe wird _____ einmal angegeben.	m, e, n, g, l, h | r Menge geschweiften nur

9 Mengenlehre — Hinführung zum Text

{1, 3, 5, 7, 9} Das ist die Darstellung der _____ der natürlichen _____ Zahlen, die _____ als 10 sind. Diese Zahlen sind nach ihrer Größe geordnet.	Menge ungeraden | kleiner
{1, 2, 3 ... 100} Das ist die _____ der natürlichen Zahlen von _____ bis _____ . Die Menge der natürlichen Zahlen von 1 bis 100 läßt sich also durch diese Art der Darstellung einfach darstellen.	Menge | 1 100
{2, 4, 6 ... 500} Dies ist die _____ der Menge der _____ natürlichen Zahlen von 1 bis 500. In der Klammer stehen nicht alle Elemente der Menge. Die Darstellung ist vereinfacht: _____ In der _____ Klammer stehen nur die ersten drei _____ und das letzte _____ der Menge. Die ersten drei Elemente und das letzte Element sind durch _____ Pünktchen voneinander getrennt.	Darstellung geraden {2, 4, 6 ... 500} geschweiften Elemente Element drei
N = {1, 2, 3, 4 ...} Das ist die Darstellung der Menge aller natürlichen Zahlen. Es handelt sich um eine _____ Menge. Die Elemente 1, 2, 3, 4 und die dann folgenden drei Pünktchen machen klar, aus welchen _____ diese Menge zusammengesetzt ist. Es läßt sich auch sagen: Durch diese Art der Mengendarstellung kann man die Zusammensetzung der Menge ersehen. Oder: Durch diese aufzählende Form der Mengendarstellung wird die Zusammensetzung der Menge klar ersichtlich.	unendliche Elementen

9 Mengenlehre — Hinführung zum Text

$G = \{2, 4, 6, 8 \ldots\}$	
Das ist die Darstellung der unendlichen Menge aller _____ Zahlen größer Null.	geraden
Die Zusammensetzung der Menge G wird durch das Schreiben der ersten _____ Elemente und durch die dann folgenden _____ Pünktchen klar ersichtlich. Die drei Pünktchen stehen für alle folgenden _____ dieser Menge.	vier drei Elemente
Man kann auch sagen: Alle folgenden Elemente ersetzt man durch drei Pünktchen.	
$G = \{2, 4, 6, 8 \ldots\}$	
Diese Form der Mengendarstellung stellt _____ die unendliche Menge aller geraden Zahlen größer Null dar. Sie stellt keine Menge anderer Zahlen dar. Sie stellt also eindeutig die unendliche Menge aller geraden Zahlen dar. Die Zusammensetzung der Menge G wird also durch die aufzählende Form der Mengendarstellung klar und eindeutig ersichtlich.	nur
Auf den Seiten 374–376 werden die Diagrammform und die beschreibende Form der Mengendarstellung behandelt.	

9 Mengenlehre — Text

Mengendarstellung, Darstellung, aus der die Zusammensetzung einer Menge eindeutig erkennbar ist. Man unterscheidet im wesentlichen drei Arten der Mengendarstellung: die aufzählende Form, die Diagrammform und die beschreibende Form.

1.) *Die aufzählende Form:* Bei der aufzählenden Form werden die ↑ Elemente der Menge einzeln aufgeschrieben und zum Zeichen ihrer Zusammenfassung zu einem Ganzen in geschweifte Klammern gesetzt. Die Menge der vier Geschwister Andrea, Daniela, Markus und Christoph wird also folgendermaßen geschrieben:

{Andrea, Daniela, Markus, Christoph}

Handelt es sich bei den Elementen der Menge um Buchstaben, so ordnet man sie gewöhnlich nach dem Alphabet, handelt es sich um Zahlen, so ordnet man sie nach ihrer Größe. Die Menge der Buchstaben des Wortes „Mengenlehre" schreibt man also folgendermaßen:

{e, g, h, l, m, n, r}

Beachte: Jeder Buchstabe wird in der Menge nur einmal aufgeführt! Die Menge der ↑ ungeraden Zahlen, die kleiner als 10 sind, hat die folgende Form: {1, 3, 5, 7, 9}

Bei Zahlenmengen mit sehr vielen Elementen läßt sich die aufzählende Form der Mengendarstellung oft erheblich vereinfachen. Soll man beispielsweise die Menge M der natürlichen Zahlen zwischen 1 und 100 in aufzählender Form darstellen, so schreibt man nur die drei ersten Elemente und, durch drei Pünktchen davon getrennt, das letzte Element auf, also: {1, 2, 3 ... 100}. Entsprechend ergibt sich für die geraden Zahlen zwischen 1 und 500 die folgende Darstellung: {2, 4, 6 ... 500}. Auch unendliche Zahlenmengen lassen sich oft in aufzählender Form darstellen. Man führt dabei nur so viele Elemente an, daß die Zusammensetzung der Menge klar und eindeutig ersichtlich wird und ersetzt alle folgenden durch drei Pünktchen. Die unendliche Menge N der natürlichen Zahlen schreibt man also folgendermaßen:

N = {1, 2, 3, 4 ...}

Und für die unendliche Menge G der geraden Zahlen schreibt man:

G = {2, 4, 6, 8 ...}

2.) *Die Diagrammform:* Die Diagrammform ist eine Abwandlung der aufzählenden Form. Auch bei ihr werden die Elemente der Menge einzeln aufgeschrieben, jedoch nicht in geschweifte Klammern gesetzt, sondern von einem geschlossenen Kurvenzug, der Mengenschleife, umgeben. Die Menge der Buchstaben des Wortes „Mengenlehre" wird also in Diagrammform folgendermaßen dargestellt:

9 Mengenlehre — Text

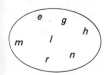

Die Anordnung der Buchstaben spielt dabei keine Rolle. Eine solche Darstellung bezeichnet man auch als Mengendiagramm, Euler-Diagramm oder Venn-Diagramm. Hat die Menge, die man in Diagrammform darstellen will, sehr viele Elemente, so verzichtet man in der Regel darauf, diese einzeln aufzuschreiben. Man zeichnet vielmehr nur die Mengenschleife und schreibt an ihren Rand, um welche Menge es sich handelt. Die Menge aller deutschen Städte schreibt man dann so:

Alle deutschen Städte

und die Menge aller Bartträger:

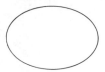

Alle Bartträger

Die Diagrammform wird immer dann verwendet, wenn man Mengenoperationen, wie z. B. die Bildung der ↑ Schnittmenge oder der ↑ Vereinigungsmenge, anschaulich darstellen will.

3.) *Die beschreibende Form:* Bei der beschreibenden Form der Mengendarstellung werden die Eigenschaften der Elemente so klar und eindeutig beschrieben, daß von jedem Ding sofort gesagt werden kann, ob es zur betreffenden Menge gehört oder nicht. Zum Beispiel:

A = Menge aller Bewohner der Bundesrepublik Deutschland
B = Menge aller roten Automobile
C = Menge aller durch 5 teilbaren Zahlen.

Insbesondere bei Zahlenmengen verwendet man zur Vereinfachung der beschreibenden Form sehr oft eine Kurzschreibweise, bei der man die zur Menge gehörenden Elemente

9 Mengenlehre — Text

ganz allgemein mit x bezeichnet und hinter einem senkrechten Strich ihre Eigenschaften angibt. Anstatt „M = Menge aller Zahlen, die kleiner als 5 sind" schreibt man dann:

$M = \{x \mid x \text{ ist kleiner als } 5\}$

bzw. unter Verwendung des Symbols $<$ für „ist kleiner als":

$M = \{x \mid x < 5\}$

Gelesen: M ist Menge aller x, für die gilt, x ist kleiner als 5.

Anstatt

„A = Menge aller Zahlen, die durch 7 teilbar sind" schreibt man:
$A = \{x \mid x \text{ ist durch 7 teilbar}\}$,

anstelle

„B = Menge aller Buchstaben des Wortes Mengenlehre" schreibt man:
$B = \{x \mid x \text{ ist Buchstabe des Wortes Mengenlehre}\}$.

Mengenlehre — Übungen

Ergänzen Sie bitte!
„entweder — oder", „weder — noch", „sowohl — als auch"

1. Die Vereinigungsmenge zweier Mengen A und B ist die Menge aller Elemente, die _____ zu A _____ zu B oder zu beiden gehören.
       entweder / oder

2. Die Menge G der geraden Zahlen und die Menge U der ungeraden Zahlen sind disjunkt, denn es gibt keine Zahl, die _____ gerade _____ _____ ungerade ist.
       sowohl | als auch

3. Eine Menge C ist zu den Mengen A und B disjunkt, wenn sie _____ mit A _____ mit B gemeinsame Elemente hat.
       weder | noch

4. Sind Zähler und Nenner eines Bruches Summen, so kann man _____ die gemeinsamen Faktoren ausklammern und gegeneinander kürzen _____ alle Summanden durch die gleiche Zahl kürzen.
       entweder / oder

5. Schneidet man einen Würfel nicht parallel zur Grundfläche, so ist die Schnittfläche der Grundfläche _____ kongruent _____ ähnlich.
       weder / noch

6. Die Produktmenge $A \times B$ ist die Menge aller geordneten Paare, deren Elemente _____ zu A _____ _____ zu B gehören.
       sowohl | als

7. Zwei Geraden, die sich _____ schneiden _____ parallel verlaufen, liegen nicht in einer Ebene, sondern im Raum.
       weder | noch

8. Die Schnittmenge C zweier Mengen A und B ist die Menge aller Elemente, die _____ zu A _____ _____ zu B gehören.
       sowohl | als

9 Mengenlehre — Übungen

9. Zwei gleich große Winkel mit gemeinsamem Scheitelpunkt sind _____ Scheitelwinkel _____ Nebenwinkel von 90°. — entweder | oder

10. Die Graphen von Potenzfunktionen sind _____ Parabeln _____ Hyperbeln. — entweder oder

11. Bei der Menge aller sechseckigen Kreise und der Menge aller viereckigen Dreiecke handelt es sich um leere Mengen, denn es gibt _____ sechseckige Kreise _____ viereckige Dreiecke. — weder noch

12. Der Durchschnitt Z zweier Mengen X und Y ist die Menge aller Elemente, die _____ zur Menge X _____ _____ zur Menge Y gehören. — sowohl als auch

13. Kongruente Dreiecke unterscheiden sich _____ in der Form _____ in der Größe. — weder noch

14. Die Menge aller rechtwinkligen Dreiecke und aller gleichseitigen Dreiecke sind elementfremd, weil es keine Dreiecke gibt, die _____ rechtwinklig _____ _____ gleichseitig sind. — sowohl | als

15. Vierecke mit gleichen Seiten sind _____ Quadrate _____ Rhomben. — entweder oder

Mengenlehre — Lernkontrolle

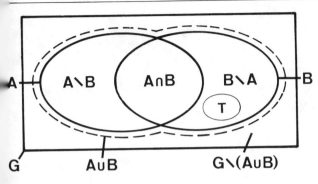

Das ist ein _____ .
Es zeigt die _____ A und B.
A und B sind nicht _____ , denn sie
haben _____ Elemente.
Diese Elemente, die _____ zu A _____ _____
zu B gehören, bilden die _____ A ∩ B.
Vereinigt man die Mengen A und B, so erhält man die
_____ A ∪ B.
Diese hat Elemente, die _____ zu A _____
zu B oder zu beiden Mengen gehören.
A \ B ist eine _____ .
Sie enthält Elemente, die _____ zu A,
_____ aber zu B gehören.
Dementsprechend sind in der Restmenge B \ A Elemente
_____ , die _____ zu _____ ,
_____ aber zu _____ gehören.
T ist _____ der Menge B;
d. h.: _____ Elemente von T sind auch
_____ von _____ .

Mengenbild
Mengen
elementfremd/dis-
gemeinsame junkt
sowohl | als auch
Schnittmenge

Vereinigungsmenge
entweder | oder

Differenzmenge/Rest-
nur   menge
nicht

enthalten | nur | B
nicht | A
Teilmenge/Untermen-
Alle   ge
Elemente | B

Wichtige Abkürzungen

Abb.	Abbildung
Bd	Band
Bde	Bände
bes.	besonders
bzw.	beziehungsweise
d. h.	das heißt
dgl.	dergleichen
f.	folgende (Seiten)
i. allg.	im allgemeinen
Kap.	Kapitel
Nr.	Nummer
od.	oder
o. ä.	oder ähnliches
rd.	rund
S.	Seite
s.	siehe
s. a.	siehe auch
u.	und
u. a.	und andere
	unter anderem
	unter anderen
u. ä.	und ähnliches
usf.	und so fort
usw.	und so weiter
vgl.	vergleiche
z. B.	zum Beispiel

Wörterverzeichnis

A
abhängen 140
abhängig 146
abhängig veränderlich 146
Abhängigkeit 140
ablesen 327
Abnahme 329
abnehmen 329
abrunden 121
Abschnitt 221, 252
Abschnittspaare 330
Abstand 163
Abszisse 149
abtragen 330
Abwandlung 374
Achse 149
Achsenkreuz 148
achsensymmetrisch 165
Achteck 238
addieren 36
Addition 35
ähnlich 276
Ähnlichkeit 301
Ähnlichkeitssatz 333
algebraische Summe 46
allgemein 376
Alphabet 340
analog 126
Ankathete 311
anliegend 222
Anordnung 375
anschaulich 375
ansetzen 139
anstelle 141
antragen 203
Anzahl 126
Art 368
Ast 154
Asymptote 161
asymptotisch 161
Aufgabe 225
aufgrund 324
aufrunden 121
Aufschlagen 124
aufstellen 141
auftreten 227
aufzählende Form 368
ausführen 202
Ausgangslage 202
Ausgangspunkt 179

ausgehen 179
ausklammern 57
auslaufen 297
ausrechnen 126
Aussage 135
Außenglieder 308
Außenwinkel 215
außerhalb 215

B
Basis 88, 105, 116, 211
Basiswinkel 267
befriedigen 168
begrenzt 178, 252, 279
Behauptung 244
Beibehaltung 246
Beispiel 142
Beizahl 108
bekannt 132
beliebig 146
benachbart 200
benötigen 244
berechnen 144
berühren 258
Berührende 264
Berührungspunkt 258
Berührungsradius 258
beschreiben 159, 199
beschreibende Form 368
Besonderheit 227
bestehen 330
bestehen aus 108
bestehen in 225
bestimmen 132, 146
bestimmt 151
Bestimmungsgleichung 132
betragen 187
betreffend 375
bewegt 202
Beweis 225
bezeichnen 141
bezeichnen als 217
Bezeichnung 202
beziehungsweise 253
Bild 148
bilden 194
Bogen 266
Bogengrad 200
Bogenstück 200

brauchbar 169
breit 278
Breite 278
Briggsche Logarithmen 117
Bruch 70
Bruchstrich 70
Buchstabe 44

C
cm 201
cm^2 221
cm^3 282
cos 316
cot 320

D
dann und nur dann 349
darstellen 148
Darstellung 148
Deckfläche 282
Deckung 205
deckungsgleich 278
dekadischer Logarithmus 117
deuten 327
Dezimalbruch 126
Dezimalzahl 32
Diagonale 234
Diagrammform 368
Differenz 37
Differenzmenge 361
Differenzwert 37
Dimension 278
disjunkt 355
Dividend 42
dividieren 43
dividiert durch 42
Division 42
Divisor 42
doppelt 254
Drehachse 297
drehen 199
Drehkörper 297
Drehpunkt 331
Drehschenkel 203
Drehung 199
Dreieck 210
dreiseitig 288
durch 42
Durchmesser 254

Durchschnitt 352
Durchschnittsmenge 352

E
ebene Figur 238
Ecke 210, 280
eckig 54, 297
Eigenschaften 376
eindeutig 368
Einheit 201
Einheitskreis 315
einsetzen 135
eintragen 151
Element 341
elementar 168
elementfremd 355
endliche Menge 345
im Endlichen 181
Endpunkt 178
entfernt 142
Entfernung 142
entgegengesetzt 192
enthalten 342
entsprechen 315
entsprechend 223
entstehen 190
Entstehung 199
entweder — oder 353
erfassen 169
erforderlich 244
erfüllen 135
sich ergänzen 190
ergänzt 268
Ergänzungswinkel 329
ergeben 204
sich ergeben 126
Ergebnis 35
erhalten 122
erhalten bleiben 301
erheblich 368
Erkenntnis 225
Ermittlung 168
errechnen 141
errichten 195
errichtet 194
ersichtlich 368
erweitern 72
Euler-Diagramm 375
existieren 169
Exponent 88

381

Exponentialfunktion 160
Exponentialkurve 160

F
fällen 195
Faktor 39
fester Punkt 265
feststellen 332
Figur 238
Fläche 220
flächengleich 275
Flächeninhalt 221
Flächenverwandlung 246
folgen 227
folgendermaßen 368
folglich 244
Form 275
Formel 250
fortlaufend 330
Fünfeck 238
für 141
Funktion 147
Funktionsgleichung 147
Funktionskurve 169

G
ganze Zahl 32
Ganze 224
ganzzahlig 158
gegeben 246
Gegenecken 234
Gegenkathete 311
Gegenseiten 235
gegenüberliegen 210
gegenüberliegend 218
Gegenwinkel 203
gehen durch 154
gehörend 202
gekrümmt 291
gelegt 264
geltende Ziffern 125
gemeinsam 57, 72
genau dann 349
geordnete Paare 362
gerade Linie 168
gerades Prisma 284
gerade Zahl 34
Gerade 179
Geradenbüschel 330
geradlinig 297
geringer 329
geschlossene Fläche 297

geschnitten mit 353
geschweift 342
gesetzmäßig 168
gespiegelt 329
gestreckter Winkel 187
gesucht 139
geteilt durch 42
es gilt 306
gleich 35
gleichgültig 332
Gleichheit 141
Gleichheitszeichen 132
gleichliegend 301
gleichnamig 71, 110
gleichnamig machen 72
gleichschenklig 211, 243
gleichseitig 210
Gleichung 132
Glied 58
gliedweise 112
Grad 184
zweiten Grades 136
Graph 148
griechisch 183
Größe 274
Grundfläche 282
Grundformeln 295
Grundkonstruktion 265
Grundkörperarten 297
Grundlinie 224, 246
Grundseite 211
Grundseiten 242
Grundzahl 88

H
Hälfte 224
halb 243
halbieren 193
Halbkugel 299
Halbmesser 250
es handelt sich um 213
Hauptnenner 72
herrschen 141
Hochzahl 88
Höhe 217, 235, 288, 289
Hyperbel 156
Hypotenuse 212
Hypotenusenabschnitt 221
Hypotenusenquadrat 220

I
indem 93
Inhalt 220
Inkreis 259
Innenglieder 308
Innenwinkel 214
interpolieren 121
isolieren 133

J
je 204
je — desto 206
je — um so 202

K
Kante 280
Kantenlänge 281
Kathete 212
Kathetenquadrat 220
Kathetensatz 224
Kegel 289
Kegelstumpf 289
Kehrwert 74
Kennzahl 119
Kennziffer 119
Klammer 54
Koeffizient 110
Körper 279
Körperberechnung 295
Komma 32
Komplementwinkel 329
kongruent 276
Konsonant 340
konstant 291
konstruierbar 228
Konstruktion 327
Koordinate 150
Koordinatensystem 149
Kosinus 316
Kosinusfunktion 318
Kosinuskurve 318
Kotangens 320
Kotangensfunktion 321
Kotangenskurve 321
Kreis 250
Kreisabschnitt 252
Kreisausschnitt 257
Kreisbogen 251
Kreismitte 265
Kreissegment 252
Kreissektor 257
Kreisumfang 251
Kreuz 363
Kreuzmenge 363

Krümmung 291
Kubikzentimeter 282
kürzen 73
Kugel 291
Kugelinhalt 300
Kugeloberfläche 300
Kurve 152
Kurvenzug 374

L
Lage 150
lang 278
lateinisch 182
leere Menge 350
Lehrsatz 225
linear 137
Linie 178
lösen 111
Lösung 133, 228
Logarithmentafel 120
logarithmieren 116
Logarithmus 116
Lot 195

M
m 201
mal 39
Malzeichen 108
Mantelfläche 285, 289
Mantellinie 285, 288
Mantisse 119
Menge 340
Mengenbild 340
Mengendarstellung 368
Mengendiagramm 340
Mengenoperationen 375
Mengenschleife 374
messen 201
Messung 199
Meter 201
Millimeter 201
Minuend 37
minus 37
Minuszeichen 46
Minuten 184
Mitte 216
Mittellinie 235
Mittelparallele 227, 241
Mittelpunkt 250

Mittelpunktswinkel 255
Mittelsenkrechte 216
mm 201
Multiplikation 39
multiplizieren 40

N
nachweisen 333
natürliche Zahl 33
nebeneinander 200
Nebenwinkel 190
n-Eck 238
negativ 33
Nenner 70
Normalform 168
Nullpunkt 148
Numerus 117
nur — nicht aber 360

O
Oberfläche 281
Öffnung 325
Öffnungswinkel 326
ohne 360
Ordinate 149
ordnen 133
Ortskreis 268
Ortssatz 265

P
Paar 362
paarweise 333
Parabel 154
parallel 180
Parallele 180
Parallelogramm 235
Parallelquerschnitte 294
Peripherie 250
Peripheriewinkel 255
plus 35
Pluszeichen 46
Polygon 238
positiv 33
Potenz 88
Potenzfunktion 157
potenzieren 89
Potenzwert 89
Primzahl 34
Prisma 282
Probe 135
Produkt 39
Produktmenge 364
Projektion 224
projizieren 316

Proportion 308
proportional 310
Proportionalzirkel 331
Punkt 150
punktsymmetrisch 166
Pyramide 238
Pyramidenstumpf 288

Q
Quader 282
Quadrant 149
Quadrat 237
quadratisch 137
Quadratzentimeter 221
Querschnitt 290
Quotient 42

R
Radikand 105
Radius 250
radizieren 106
Randwinkel 255
Raum 279
Rauminhalt 280
Raute 237
Rechenzeichen 46
Rechteck 236
rechter Winkel 186
rechtwinklig 212
Regel 330
regelmäßig 238
Reihenfolge 329
Restkörper 299
Restmenge 360
reziprok 96
Rhombus 237
Rotation 297
rund 54, 297

S
Scheibe 294
Scheitel 202
Scheitelpunkt 183
Scheitelwinkel 189
Schenkel 183, 211, 235
Schenkelrichtung 202
schief 284
schneiden 190
sich schneiden 179
Schnitt 290
Schnittfläche 291
Schnittmenge 352
Schnittpunkt 179
Schwerelinien 227

Schwerpunkt 227
Sechseck 238
Sehne 251
Sehnentangentenwinkel 268
Seite 132, 178, 210
Seitenfläche 283
Seitenhalbierende 216
Seitenverhältnisse 312
Sekante 252
senkrecht 193
senkrecht aufeinander stehen 194
Senkrechte 216
Sekunden 185
sin 312
Sinus 312
Sinusfunktion 316
Sinuskurve 316
sowohl — als auch 351
Spalte 120
Spiegelbild 329
Spitze 287
spitzer Körper 287
spitzer Winkel 188
spitzwinklig 213
Stammfunktion 158
steigen 96
Stelle 32
Strahl 178
Strahlenabschnitte 310
Strahlenbüschel 330
Strahlensatz 330
Strecke 178
Stück 200, 244
Stufenwinkel 191
stumpfer Körper 290
stumpfer Winkel 186
stumpfwinklig 214
Subtrahend 37
subtrahieren 38
Subtraktion 37
Summand 35
Summe 35
Summenwert 35
Symmetrieachse 163
symmetrisch 164

T
Tabelle 151
tan 318
Tangens 318
Tangensfunktion 319
Tangenskurve 319

Tangente 258
Tangentenstrecke 264
Tangentenviereck 259
Tangentenwinkel 264
Teil 279
Teildreieck 228
teilen 193
Teilmenge 347
Teilpunkt 202
Trapez 235
sich treffen 149

U
übereinstimmen 274
Überlegungsfigur 141
übersetzen 139
überstumpf 187
übertragen 316
Umfang 250
Umfangswinkel 255
umkehren 55
Umkehrfunktion 158
Umkehrung 95
Umkreis 259
umwandeln 58, 111
unabhängig veränderlich 147
unbegrenzt 178
unbekannt 132
Unbekannte 132
unbenannte Zahl 325
unendlich 344
im Unendlichen 181
ungerade 34
ungleich 71
ungleichnamig 71
ungleichseitig 211
unregelmäßig 239
Untermenge 348
sich unterscheiden 277
untersuchen 330
unverändert 73
Ursprung 149

V
Variable 44
Venndiagramm 340
veränderlich 146
Veränderliche 168
verändern 55, 146
sich verändern 55, 146
verändert 73

383

verbinden 181
Verbindung 181
Verbindungslinien 227
verdoppeln 228
sich vereinen 300
vereinfachen 368
vereinigt 356
Vereinigungsmenge 353
vergleichen 204
Vergrößerung 301
Verhältnis 227
verhältnisgleich 310
Verhältnisgleichung 307
Verhältniswert 326
sich verhalten 306
Verkleinerung 301
verlängern 222
Verlängerung 224
verlaufen 155, 291
verlegen 331
verschieben 294
Verschiebung 205
vertauschen 37, 158
verwandeln 75, 246
Vieleck 238

Viereck 234
vierseitig 288
Vokal 340
Vollwinkel 188
Volumen 280
Voraussetzung 244
Vorzeichen 33

W
wachsen 96, 327
wahre Aussage 135
Wechselwinkel 191
weder — noch 278
nach Wegfall 63
wegfallen 61
weglassen 48
Wendeparabel 154
Wendepunkt 155
Wert 36
Wertepaar 151
Wertetabelle 151
willkürlich veränderlich 169
Winkel 183
Winkelfunktion 314
Winkelgrad 200
Winkelhalbierende 215
Winkelmesser 202
Winkelpaare 204
Winkelsumme 327
Wurzel 105
Wurzelexponent 105
Wurzelfunktion 158
Wurzelwert 106
die Wurzel ziehen 106

X
x-Achse 149
x-Koordinate 151

Y
y-Achse 149
y-Koordinate 150

Z
Zahl 32
Zahlengleichung 141
zahlenmäßig 168
Zahlenmenge 368
Zehnerlogarithmus 117
Zeichen 139
Zeichensprache 141
zeichnen 148, 225
Zentimeter 201
zerlegen 40, 111, 234
ziehen 205
Ziffer 118
Ziffernfolge 118
zugehörig 126, 215
zunächst 268
zunehmen 327
zusammenfallen 262
zusammenfassen 61, 133
Zusammenhang 171
Zusammensetzung 368
Zweige 156
Zwischenwinkel 332
Zwölfeck 238
Zylinder 285
Zylinderinhalt 300